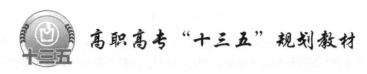

高职高专"十三五"规划教材

矿 山 设 计

主　编　夏建波　林　友
副主编　文义明　林吉飞

北　京
冶 金 工 业 出 版 社
2024

内 容 提 要

本书从金属与非金属矿山设计工作的实际需要出发,系统地介绍了非煤露天和地下矿山生产系统设计的基本原理、方法及技巧,主要内容包括矿山设计基础、地下矿山开采系统设计、露天矿山开采系统设计。本书在各章节中插入了典型非煤露天及地下矿山设计实例,引用了最新的采矿设计规范、技术标准等,章后附习题,以便读者练习。

本书可作为高等职业院校金属与非金属矿开采技术、安全技术与管理等专业的教材,也可供从事非煤矿山设计的工程技术人员以及管理人员参考。

图书在版编目(CIP)数据

矿山设计/夏建波,林友主编.—北京:冶金工业出版社,2018.1
(2024.8 重印)
高职高专"十三五"规划教材
ISBN 978-7-5024-7631-1

Ⅰ.①矿… Ⅱ.①夏… ②林… Ⅲ.①矿山设计—高等职业教育—教材 Ⅳ.①TD2

中国版本图书馆 CIP 数据核字(2017)第 305551 号

矿山设计

出版发行	冶金工业出版社	**电 话**	(010)64027926	
地 址	北京市东城区嵩祝院北巷 39 号	**邮 编**	100009	
网 址	www.mip1953.com	**电子信箱**	service@mip1953.com	

责任编辑 杨盈园 王梦梦 美术编辑 彭子赫 版式设计 禹 蕊
责任校对 禹 蕊 责任印制 窦 唯
北京虎彩文化传播有限公司印刷
2018 年 1 月第 1 版,2024 年 8 月第 2 次印刷
787mm×1092mm 1/16;10 印张;241 千字;151 页
定价 29.00 元

投稿电话 (010)64027932 投稿信箱 tougao@cnmip.com.cn
营销中心电话 (010)64044283
冶金工业出版社天猫旗舰店 yjgycbs.tmall.com
(本书如有印装质量问题,本社营销中心负责退换)

前　言

近年来，随着我国工业经济的快速发展，矿产资源的需求与日俱增，带动了我国采矿业连续多年实现高速发展，采矿工业作为国民经济基础产业在工业建设与发展过程中一直占有重要地位。如何安全、高效地开采矿产资源，在很大程度上取决于矿山设计的质量。矿山设计涉及多门学科，是以采矿专业为主体，辅以其他相关专业知识，对矿床开采系统进行科学、系统、综合地规划与设计。此外，推进和完善矿山设计工作是突出我国安全生产方针的一项重要工作，是安全生产方针在企业安全生产中的具体体现。矿山设计不仅能有效地提高矿山企业的安全程度，指导矿山生产，充分回收矿产资源，提高企业经济效益，还可以为各级安全生产监督管理部门进一步规范矿山企业的安全生产工作提供有力的技术支撑。因此，国家对金属与非金属矿开采技术专业人才的需求量也一直稳中有升，我国有多所高职院校开设了金属与非金属矿开采技术专业。

本书是高职高专类采矿专业的主干课程，立足于培养学生掌握露天、地下矿山企业开采系统设计的基本原理、设计技能和方法。作者在参考其他有关教材的基础上，结合多年的教学、科研、采矿设计和生产实践经验以及现行的有色金属采矿设计规范、采矿手册等，以现代高职高专教育理念为先导，构建教材结构，突出实用性和可操作性，力求做到：在编排上深入浅出，主次得当；在内容选择上体现先进性和系统性；在使用上易学、易懂和易通。

本书初稿于2012年5月完成，作为讲义已在昆明冶金高等专科学校金属与非金属矿开采技术专业教学中实践了五年，得到了教学和实践经验丰富的教授和行业专家们的审阅和指点，几经修改，终成正稿。在编写过程中，力求内容系统全面、主次得当，为读者分析、解决露天和地下矿山开采系统设计过程中的疑难问题提供设计思路，让读者熟悉矿山设计中的主要着力点及设计程序，掌握矿山设计的基本方法、设计要点及设计说明书的编写内容等。

　　本书重点介绍矿山设计基础知识，地下矿山开采系统设计，包括采矿方法设计、开拓系统设计、生产能力验算、提升运输与通风排水系统设计、总平面布置设计和基建及采掘进度计划编制等六个专题设计内容；以及介绍露天矿山开采系统设计，包括生产能力确定与验算、开采境界圈定、开采工艺设计、开拓系统设计以及总平面布置等五个专题设计内容。

　　本书由长期从事采矿与安全专业教学研究及矿山设计工作的人员编写，由昆明冶金高等专科学校矿业学院采矿及安全专业夏建波和林友两位老师担任主编，由昆明冶金高等专科学校矿业学院的文义明和林吉飞担任副主编。参与本书编写的还有昆明冶金高等专科学校矿业学院彭芬兰、邱阳、沈旭、汤丽、李宛鸿、程涌、卢萍、刘聪、何丽华和张莉、尹琼老师，云南交通职业技术学院梁诚老师，云南锡业职业技术学院的张惠芬老师，安徽工业职业技术学院资源开发系季惠龙老师，湖南有色金属职业技术学院胡学敏和沈德顺老师。本书大部分编写人员均为具有丰富实践经验且长期从事矿山设计与安全教学或矿山安全评价的教师及工程技术人员。编写人员的具体分工为：第一章由夏建波编写；第二章的2.1节由夏建波与林友共同编写，2.2节由夏建波编写，2.3节由夏建波、文义明、林吉飞共同编写，2.4节由夏建波和林友共同编写，2.5节由夏建波、文义明、彭芬兰、邱阳、沈旭、汤丽、李宛鸿、程涌、卢萍、刘聪和张莉、尹琼共同编写，2.6节由夏建波编写；第三章的3.1节和3.2节由夏建波编写，3.3节由夏建波和林友、何丽华、梁诚、张惠芬共同编写，3.4节由夏建波编写，3.5节由夏建波和季惠龙、胡学敏、沈德顺共同编写；夏建波和林友负责全书统稿。

　　本书主要作为高职高专类院校金属与非金属矿开采技术和安全技术与管理等专业的教学用书，建议讲授学时为60学时，实作50学时（地下30学时、露天20学时）；也可作为从事非煤矿山设计工作的工程技术人员、矿山技术管理人员的参考用书。

　　本书在编写过程中，得到了各级领导、兄弟院校、出版社和矿山企业的大力支持。昆明冶金高等专科学校叶加冕教授、王育军教授及况世华教授对书稿进行了认真细致的审阅，提出了许多中肯的意见和建议，在此表示衷心的感谢！

由于作者水平有限，加之书中引入了部分法律法规、规程规范，难免存在不完善或疏漏之处，敬请读者谅解和指正。

望本书能成为有志从事矿山设计工作的读者在学习和工作中的良师益友。

编者

2017 年 7 月

目　录

1 矿山设计基础

1.1 矿山企业开发程序

采矿工业是国民经济发展的基础工业。矿山企业是工业发展的排头兵，是一个复杂的体系，建设一个矿山企业要花费大量的人力、物力和时间，需要经历普查找矿、地质勘探、可行性研究、矿山设计、矿山建设、矿山生产及改扩建、减产和闭坑等阶段，如图1-1所示。

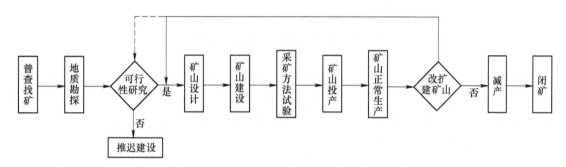

图 1-1　矿山企业生命周期

普查找矿，是在具有成矿远景的地区内，为寻找和评价矿床而进行的地质调查研究工作，它是介于区域地质调查和矿床勘探之间的一个地质工作阶段，其主要任务是研究工作地区的地质构造，特别是控制矿产形成和分布的地质条件，预测可能存在矿产的有利地段；综合运用有效的技术手段和找矿方法，利用找矿标志，在有利成矿的地段内找矿，并对发现的矿点和矿床进行初步研究和评价。

地质勘探是在对矿产普查中发现有工业意义的矿床，为查明矿产的质和量，以及开采利用的技术条件，提供矿山建设设计所需要的矿产储量和地质资料，对一定地区内的岩石、地层、构造、矿产、水文、地貌等地质情况进行调查研究工作。通过地质勘探，可探明（控制）矿床的赋存状态及特征。

通过可行性研究能够初步论证矿山项目建设在技术上的可靠性及经济上的合理性。可行性研究的目的在于：论证在当前开发条件下，矿山项目的建设在技术上是否可靠，在经济上是否合理，通过分析计算和多方案比较，选出经济效益最佳的方案。可行性研究为编制建设项目的设计任务书提供了可靠的依据，其主要内容包括项目建设背景、项目建设基础条件、市场分析、开采主要技术方案、投资估算及经济效果评价等。

矿山设计是矿产资源开发中的一个阶段，也是矿山建设前非常重要的一个程序，它是在取得地质勘查成果的基础上，为矿山建设和生产而进行的全面规划工作。这也是一项综合性的工作，要全盘确定矿山开采工艺（技术）及设备等。

1.2　矿山企业设计程序

一般矿山企业设计分为两段设计：初步设计与施工设计（施工图）。对大型、特大型且条件复杂的矿山，在国内尚无经验的条件下，可做三段设计：初步设计、技术设计与施工设计。

初步设计是对可行性研究报告提出的开采工艺方案进行详细的设计，也是对可行性研究报告提出的各项技术决策的技术经济合理性的详细论证。初步设计为矿山建设项目的施工招投标提供了技术依据，也为下一步矿山施工图设计提供了蓝图。

施工设计亦称施工图，是根据已批准的初步设计，按照各项工程项目绘出施工图。施工图是按工程项目分期分批交付施工单位，保证建设进度按计划实现。施工图不需上级批准，只要经设计单位技术负责人签字后，即可施工。

1.3　矿山初步设计内容

初步设计必须根据已批准了的设计任务书及可行性研究中已确定了的规模、服务年限、矿区选择、开采方法、厂址、建设程序、产品方案、资源综合利用、技术装备、机修、供水、供电、燃料及材料供应、内外部运输等原则问题，进行具体的设计，详细论证各项技术决策的技术经济合理性。

其主要内容如下：（1）总论；（2）技术经济分析；（3）地质及开采技术条件；（4）采矿；（5）开拓及井建；（6）矿山机械；（7）选矿；（8）总图运输；（9）机修、仓库和化验室；（10）电力；（11）给、排水及尾矿设施；（12）采暖、通风及热力；（13）土建；（14）概算。

初步设计的内容及深度应满足下列要求：

（1）供上级机关审批；（2）控制基建投资和编制基建进度计划；（3）主要设备订货和项目招投标；（4）主要材料预安排；（5）征购土地；（6）基建施工和企业生产准备；（7）编制施工图。

矿山生产系统是一个复杂的体系，在进行矿山初步设计时，要按照一定的程序去进行，使设计进行得有条不紊、配合恰当，确保设计质量。表 1-1 是地下矿山主要生产系统设计流程。

表 1-1　地下矿山主要生产系统设计流程

设计顺序	设计项目	主要设计内容
1	采矿方法	采矿方案选择、采矿方法设计
2	开拓系统	开拓方案选择、开拓系统设计
3	生产能力	生产能力确定、生产能力验算
4	提升运输与通风排水	提升系统、运输系统、排水系统、避灾线路设计
5	总平面布置	总图工程布置、工程量估算
6	基建及采掘计划	基建范围确定及工程量计算、基建进度计划编制、采掘进度计划编制

1.4 设计的依据及原始资料

1.4.1 设计的依据

矿山初步设计主要有三大依据：

（1）设计任务书、项目立项审批文件及《可行性研究报告》。

（2）法律法规及行业标准、规程、规范：

1）国家及地方有关法律法规，如《中华人民共和国安全生产法》《中华人民共和国矿产资源法》等。

2）行业标准、规程、规范，如《爆破安全规程》《金属非金属矿山安全规程》《工业企业总平面设计规范》等。

（3）设计项目相关原始资料，如地质、技术、经济、开采现状等（详见1.4.2节）。

1.4.2 设计的原始资料

企业在进行设计时，必须遵照规定的设计程序，按设计依据科学地进行设计文件编制。在所有的设计依据中，原始资料是最重要的，是客观事物的反映，如果原始资料不确切或运用不适当，会引起设计中技术上的错误，从而给企业经济带来损失。

设计所用的原始资料归纳起来可分为下列几方面：

（1）地质勘探报告书和附图。矿区地质勘探报告应包括地质勘探报告书及附图。

勘探报告应说明该矿床地质结构、矿床特征、矿体形状及产状，矿石质量、品种、矿石及围岩的物理机械性质，矿石加工工艺的技术特征。

附图中应有矿区地质地形勘探工程综合图 1/2000 或 1/1000，全套的勘探剖面图 1/1000，分中段贮量计算图；对缓倾斜矿床应有矿床顶底板等高线图。图纸比例要求配套。

对于水文地质条件复杂的矿山，应有水文地质勘探报告。

（2）技术经济资料。设计中各种方案的技术经济比较、经济概算书的编制，都需要经济指标。经济指标误差大，会造成方案选择错误，投资偏大或过小。

对于新矿山需搜集经济指标的内容有：地理经济状况，地区工业发展性质、电力、水源、燃料、劳动力、材料供应条件，类似地区或厂矿的生产指标和定额。应选取矿山企业正常生产一年以上的平均先进指标，即高出定额数值再加以算术平均。

对改（扩）建矿山，除上述资料外还应查明：房屋和设备利用情况，企业技术特点，生产过程的优缺点，各种指标消耗定额的分析等。

各种协议资料：建设一个矿山，涉及的问题较多，如外部运输就应和其他部门签订铁路或公路的接轨、货运和货运站等协议，此外还有征地、供电、电信、水源地、污水处理、材料供应、环境保护等协议，总之建设矿山时和附近或其他单位有联系的问题，应有协议书。这些协议书一般由矿方负责签订或设计部门提出要求。

另外，还需查明矿区附近有否建筑材料、燃料，其数量、单价、交通情况和运输距离怎样，若当地不产或来源不足时，应查明其他地方的来源、供应数量价格等。还需查明矿山主要设备订货和配件的工厂、价格、质量等。

（3）水、工、环地质资料。包括矿山的水文地质、工程地质及环境地质方面的资料。工程地质直接影响着地下采掘工程安全及露天边坡的稳定。荷重较大的房屋及基础较深的厂房车间等建筑物和构筑物，都应了解土壤性质、土层厚度、地下水面深度、岩层情况。对有地震影响的地区，应有地震烈度等级资料。主要竖井施工前应有井筒中心钻孔柱状图。

（4）气象及水源资料。气象包括四季气温的变化、年最高温度和最低温度、平均温度、降雨量和降雪量、冰冻时期，在河流附近的企业应有洪水位，山区应有山洪暴发历史记录资料。上述资料一般都是来自地区气象台的统计材料，也可从地质勘探报告中查找。

水源资料应查明矿山工业用水和生活用水的水源、水质、水量。

（5）改（扩）建的矿山的生产现状资料。对改（扩）建的矿山，应有矿山现状，如建筑物、矿山已有设备的固定资产、库存设备和材料、各种定额和生产指标、开拓和采矿方法、贮量等。

除上述原始资料外，设计者还应到施工单位进行调查研究，了解施工能力、技术力量、设备备件等。

总之，调查研究、收集资料工作，往往不是一次就能完成的，必须随着设计过程的不断深化，反复地进行深入细致的补充和验证，才能得到第一手材料和正确的方案。

 习　题

1. 一个矿山，从最初找矿至最后开采闭坑，经历了哪些阶段？
2. 矿山企业设计分为哪两个阶段的设计？各段设计的目的是什么？
3. 矿山企业初步设计的主要内容有哪些？
4. 矿山初步设计的 3 大依据是什么？
5. 请列举矿山初步设计要收集的原始资料。

2 地下矿山开采系统设计

2.1 采矿方法设计

2.1.1 采矿方法设计相关规定

2.1.1.1 一般规定

（1）采矿方法选择应通过方案技术经济比较后确定；（2）选择的采矿方法应使工作条件安全、资源回收利用率高、生产成本低、经济效益好、生产能力满足要求、劳动强度低；（3）采矿方法设计时应科学、合理布置采准、切割工程，确定合理的回采顺序及工艺，保证采切、回采过程安全；（4）采矿方法设计包括采矿方法图及设计说明书，内容应完善，深度应达到不同设计阶段的要求。

2.1.1.2 空场采矿法设计规定

A 一般规定

（1）矿石围岩稳固、采场在一定时间内允许有较大的暴露面积的矿床，宜采用空场采矿法；当矿岩稳固性稍差时，设计宜从采场结构参数、顶板维护、凿岩工艺等方面采取相应措施；

（2）当矿床开采技术条件允许时，宜采用机械化、智能化程度高的大直径深孔空场采矿法或中深孔分段空场采矿法；

（3）采用全面采矿法和房柱采矿法的矿山，应根据顶板稳定情况，留出合适的矿柱；矿柱需要回收时，应采取安全措施；

（4）采用空场采矿法的矿山，应有采场地压监测、预报的设施及设备，并应采取充填、隔离或强制崩落围岩的措施；

（5）空场采矿法的矿石回采率，厚矿体不应小于85%；中厚矿体不应小于80%；薄矿体不应小于75%。

B 全面采矿法应符合下列规定

（1）全面采矿法宜用于厚度小于5m、矿岩中等稳固以上、产状较稳定的水平和缓倾斜矿体回采；当厚度大于3m时，宜分层开采，条件具备时，宜采用液压凿岩台车全厚一次推进；

（2）采场内应留不规则矿柱，圆形矿柱直径不应小于3m，方形矿柱不应小于2m×2m；有条件时矿柱应布置在夹石带和贫矿段内；开采矿石价值高的矿体，可采用人工矿柱替代预留矿柱，人工矿柱的大小和强度，应能保证顶板的安全；

（3）矿体厚度小于最小可采厚度时，切割巷道的顶板不应超过设计采幅的顶板。

C　留矿全面采矿法应符合下列规定

（1）留矿全面法宜用于矿石不黏结、不自燃，且厚度小于 8m、倾角为 30°～50° 的矿体；

（2）当矿体倾角小于矿石自然安息角、厚度较薄且底板比较平整时，可采用伪倾斜工作面或扇形工作面推进，电耙应设在天井联络道内；

（3）矿体倾角大于矿石自然安息角，矿体厚薄不均或底板起伏多变时，应采用水平工作面推进，电耙可设在天井联络道内；

（4）矿体厚度小于 3m 时，应采用逆倾斜全厚一次推进；当矿体厚度大于 3m 时，宜采用分层推进或上分层超前推进。

D　房柱采矿法应符合下列规定

（1）浅孔房柱法宜用于厚度小于 8m 的缓倾斜矿体；当矿体厚度大于 3m 时，宜分层回采；

（2）矿体厚度为 8～10m 时，宜采用预控顶和中深孔进行回采；

（3）当矿体顶底板较规整、厚度大于 3m 且条件允许时，可采用液压凿岩台车；

（4）盘区内同时回采的采场数不应超过 3 个，采场的推进方向应与盘区推进方向一致，各工作面间的超前距离应为 10～15m。

E　浅孔留矿采矿法应符合下列规定

（1）浅孔留矿法宜用于矿石不黏结、不自燃、遇水不膨胀的急倾斜薄矿脉及中厚矿体；

（2）回采工作面宜采用梯段布置，当采用上向孔落矿时，梯段工作面长度宜为 10～15m；水平孔落矿时，梯段长度宜为 2～4m；

（3）当相邻急倾斜平行薄矿脉间距大于 4m、夹层稳定，且矿脉形态和地质构造简单时，可实行分采；

（4）急倾斜相邻平行薄矿脉分采，当夹层稳定时，可依次开采或同时开采。同时开采应实行强化开采，上盘采场应超前下盘采场两个分层高度，放矿时，上盘采场应超前或同时下降。当夹层局部稳定性较差时，下盘采场宜超前上盘采场两个分层高度，放矿时，上盘采场宜超前或同时下降。

F　极薄矿脉留矿采矿法应符合下列规定

（1）极薄矿脉留矿法宜用于矿脉平均厚度小于 0.8m 的急倾斜矿脉，采幅应控制在 0.9～1.1m；

（2）当矿脉不连续和沿走向、倾向延展不大，矿石价值高而矿岩较稳固时，可不留间柱和采用人工底柱；当矿脉走向长度超过 200m 时，应每隔 100～120m 留一个间柱，并应制定采空区的处理措施；

（3）当矿脉沿走向出现分支交叉矿脉时，应在分支口或交叉口留矿柱，并应设共用天井或共用漏斗，主脉与分支脉应同时上采；

（4）在竖向剖面上交替出现平行脉，两脉间距小于 1.5m 时，可由原采场以 60° 倾角逐步过渡到平行脉；当间距为 1.5～3.0m 时，应在采矿工作面向平行脉开掘 60° 斜漏斗，并应做好二次切割后继续上采；当间距大于 3.0m 时，宜另开盲阶段单独回采。

G 爆力运矿采矿法应符合下列规定

(1) 爆力运矿采矿法宜用于矿岩界线清楚、产状较稳定、底板平整、倾角大于35°的中厚倾斜矿体;

(2) 阶段运输平巷应布置在脉外, 距矿体底板不应小于6m;

(3) 矿房可采用阶段回采和分段回采; 采用分段回采时, 应先采上分段、后采下分段;

(4) 每次崩矿前, 采场内应只在漏斗中留缓冲矿石垫层。

H 分段空场采矿法应符合下列规定

(1) 分段空场采矿法宜用于急倾斜中厚矿体和倾斜或缓倾斜厚大矿体; 当矿体厚度大于50m时, 宜留矿房间纵向矿柱;

(2) 矿岩稳固的急倾斜矿体应采用分段凿岩、阶段出矿; 稳固性稍差或倾斜的矿体, 宜采用分段凿岩、分段出矿;

(3) 分段高度应根据凿岩设备的凿岩深度、矿体倾角等因素综合确定;

(4) 同一矿体的上下相邻阶段和同一阶段相邻平行矿体的矿房和矿柱布置, 其规格应相同, 上下和前后应相互对应;

(5) 除作为回采、运输、充填和通风的巷道外, 不得在采场顶柱内开掘其他巷道。

I 阶段空场采矿法应符合下列规定

(1) 阶段空场采矿法宜用于矿体形态规整、厚度大于10m的急倾斜矿体和任何倾角的极厚矿体;

(2) 阶段空场采矿法宜采用大直径深孔落矿; 采场出矿应使用铲运机或其他出矿能力较大的设备, 采用平底结构时, 应使用遥控铲运机或其他机械设备清底;

(3) 采用水平深孔落矿时, 切割和拉底的空间, 应为崩落分层矿石量的30%~40%; 采用垂直深孔侧向崩矿时, 切割立槽宜布置在矿房内矿体最厚处, 切割立槽宽度应为崩落分条厚度的20%; 采用大直径下向深孔球状药包崩矿时, 其补偿空间容积应大于35%;

(4) 采场沿走向布置、垂直分条崩矿时, 矿房回采宜由一侧向切割槽崩矿; 采场垂直走向布置时, 应由上盘向下盘推进崩矿。

2.1.1.3 充填采矿法设计规定

A 一般规定

(1) 充填采矿法宜用于矿石价值高、地表需要保护、矿体形态复杂、矿岩稳固性较差等条件的矿床;

(2) 在充填采矿法设计中, 宜增大分层高度; 有条件时, 应采用空场采矿法嗣后充填;

(3) 阶段回采顺序宜为自上而下回采; 当采用上向充填法时, 可采用自下而上的阶段回采顺序; 当矿体垂深大, 可上、下分区同时回采;

(4) 采用充填采矿法开采缓倾斜相邻矿脉, 应先采下盘矿脉、后采上盘矿脉, 下盘采场应充填接顶;

(5) 矿柱回采应与矿房回采同时设计。矿房已胶结充填的间柱, 宜采用分层充填或嗣后充填采矿法回收，顶底柱宜用分层或进路充填法回收；

（6）充填采矿法的矿石回采率，中厚及厚矿体不应小于90%；薄矿体不应小于85%；深井极厚大矿体可适当降低。

B　上向水平分层充填采矿法应符合下列规定

（1）上向水平分层充填法，宜用于矿岩中等以上稳固的矿体；当矿岩不稳固时，宜采用上向进路式充填采矿法；

（2）点柱充填法宜用于矿岩中等以上稳固、矿石价值中等以下的倾斜厚矿体；

（3）点柱式充填法的壁柱宽度宜为4~6m，点柱直径宜为4~5m，采场内点柱总面积不宜超过采场总面积的10%；

（4）上向充填法应采用一房一柱的两步骤回采顺序，矿山地压大、矿岩不够稳固的厚大矿体，宜采用一房二柱、一房三柱多步骤回采，特厚矿体可采用一房多柱的多步骤回采布置；狭长的单独矿体可全走向一步骤回采；

（5）采场控顶高度不宜大于4.5m，当采场有撬毛台车或服务台车可保证作业安全时，控顶高度可增至6~8m；

（6）采用人工间柱上向分层充填法采矿时，相邻采场应超前一定距离；

（7）当采场跨度和采空高度较大，或局部地段矿岩不稳固时，应采取加固采场顶板的措施；

（8）上向充填采矿法胶结充填体的设计强度，应满足矿柱回采时自立高度的要求，并应能承受爆破震动的影响；

（9）回收底柱的采场，应在底柱上构筑厚度不小于0.4m、强度不小于15MPa的钢筋混凝土或厚度大于5m、强度大于5MPa、底板上铺设钢筋网的砂浆胶结料隔离层；回收间柱的采场，宜用空场法嗣后胶结充填先采间柱；干式充填法可在矿房邻间柱一侧，构筑混凝土隔墙；

（10）采用干式或尾砂充填时，宜在每分层充填面上铺设厚度不小于0.15m、强度不低于15MPa的混凝土垫层；采用低强度胶结充填时，每分层充填面上宜铺设厚度不小于0.3m、强度不低于3MPa的胶结充填体；

（11）布置在脉内的采场顺路溜井，不宜少于两条，直径应大于矿石最大块度的3倍，且不得小于1.5m。

C　下向分层充填采矿法应符合下列规定

（1）下向充填采矿法宜用于矿岩极不稳固、矿石价值较高，用上向进路充填法难以开采的矿体；

（2）回采进路的规格宽宜为3~5m，高宜为2~5m；

（3）当回采进路采用倾斜布置时，倾斜分层的倾角宜大于胶结充填料的自流坡面角，自流坡面角宜取6°~8°；

（4）分层假顶应充填完整坚实，充填体单轴抗压强度不应小于3MPa。

D　削壁充填采矿法应符合下列规定

（1）削壁充填采矿法宜用于形态较稳定、矿石和围岩界线清楚、价值较高的极薄矿脉；

（2）削壁充填采矿法回采矿石和崩落围岩的顺序，应根据矿岩的稳固性确定：当围岩稳固性较好时，宜先采矿石、后崩落围岩；当围岩稳固性较差时，宜先崩落围岩、后采矿石；

（3）开采急倾斜矿体时，采场崩矿前，应铺设垫板或垫层；

（4）开采缓倾斜矿脉时，采场应用大块废石砌筑挡墙接顶，挡墙至工作面的距离不应大于 2.5m。

E 嗣后充填采矿法应符合下列规定

（1）嗣后充填采矿法可用于采用分段采矿法、分段空场采矿法、阶段空场采矿法回采后，地表需要保护或间柱需要回收的矿床；

（2）嗣后充填应采用高效率的充填方式；当矿柱需要回收时，充填体应具有足够的强度和自立高度；

（3）当充填体需要为相邻矿块提供出矿通道或底柱需要回收时，充填体底部应采用高灰砂比胶结充填，充填体强度应大于 5MPa；

（4）当矿柱不需要回收作为永久损失时，采空区宜采用非胶结充填；

（5）采场充填前，在采场内应事先布置泄水管道，下部通道口应构筑稳固的滤水墙。

2.1.1.4 崩落采矿法设计规定

A 一般规定

（1）崩落法宜用于地表允许崩落，矿体上部无水体和流砂，矿石和覆盖岩层无自燃性和结块性，矿石价值不高，中厚以上、矿岩中等稳固以下的矿床；

（2）采用崩落法采矿时，在高山陡坡地区，应有防止或避免塌方、滚石和泥石流危害的措施；对地表覆土层厚、雨量充沛的地区，应有防止大量覆土混入矿石和泥水涌入采区的措施；

（3）开采使用期间的阶段运输平巷和盘区部分采准工程，均应布置在相应开采阶段的岩石移动范围以外 10m；

（4）矿体开采的水平推进方向应严格按控制地压有利的顺序安排，并应保持与矿井主进风流相反的方向；

（5）开采极厚矿体且产量较大时，阶段间可设置提升人员、设备材料两用的电梯井；

（6）用崩落法回采矿柱时，间柱、顶柱和底柱宜采用微差爆破一次崩矿，在覆盖岩石下放矿；当矿岩稳定时，宜先采间柱，在空场条件下放矿后，再采顶柱、底柱；

（7）崩落采矿法的矿石回采率，中厚及厚矿体不应小于 75%；薄矿体不应小于 80%。

B 壁式崩落采矿法应符合下列规定

（1）顶板岩石不稳固，厚度 0.8~4m、倾角小于 30°、形态规则的矿体，宜采用壁式崩落采矿法；

（2）开采多层矿体或产状变化大的单层矿体时，运输平巷宜布置在底盘脉外；产状较规则的单层矿，且生产规模小、单阶段回采时，运输平巷可布置在脉内；多层矿体分层回采时，应待上层顶板岩石崩落并稳定后，再回采下部矿层；

（3）当矿体和底盘岩石不够稳固时，阶段运输平巷应布置在底盘脉外，并应避开采空区压力拱基；

（4）相邻两个阶段同时回采时，上阶段回采工作面应超前下阶段工作面一个工作面斜长的距离，且不应小于 20m；

（5）长壁崩落法采用阶梯式回采工作面时，下阶梯应超前上阶梯 1~2 倍排距；

（6）当矿体倾角为 25°~30°时，宜采用伪倾斜回采工作面；

（7）控顶距、放顶距宜由采矿方法试验确定，也可根据支柱间距确定，控顶距宜为 2~3 排的支柱间距；放顶距宜为 1~5 排支柱间距；

（8）在密集支柱中，每隔 3~5m 应有一个宽度不小于 0.8m 的安全出口，密集支柱受压过大时，应及时采取加固措施；撤柱后不能自行冒落的顶板，应在密集支柱外 0.5m 处，向放项区重新凿岩爆破，强制崩落；机械撤柱及人工撤柱，应自下而上、由远而近进行；矿体倾角小于 10°时，撤柱顺序可不限；

（9）矿体直接顶板崩落岩层的厚度小于矿体厚度的 6~8 倍时，应采取有效控制地压和顶板管理的措施；放顶后，应及时封闭落顶区；

（10）壁式崩落采矿法应推广采用液压支柱。

C　分层崩落采矿法应符合下列规定

（1）分层崩落法宜用于矿石价值较高、中等稳固以下，上盘岩石不稳固的倾斜、缓倾斜中厚以上或急倾斜矿体；

（2）采场分层进路宽度不应超过 3m，分层高度不应超过 3.5m；

（3）采场上、下相邻的分层平巷或横巷应错开布置，岩壁厚度不应小于 2.5m，采场上、下分层进路应相对应；

（4）邻接矿块同时回采时，回采分层高差不宜超过两个分层高度；在水平方向上，上下分层同时回采时，上分层超前相邻下分层的距离不应小于 15m；

（5）回采应从矿块一侧向天井方向推进；当采掘接近天井时，分层沿脉或穿脉应在分层内与另一天井相通；采区采完后，应在天井口铺设加强假顶；

（6）开采第一分层时应在底板上铺设假顶，假顶之上的缓冲层不应小于 4m，并应逐步形成 20m 以上的缓冲层；

（7）崩落假顶时，不得用砍伐法撤出支柱，人员不应在相邻的进路内停留；开采第一分层时，不得撤出支柱；顶板不能及时自然崩落的缓倾斜矿体，应进行强制放顶；假顶降落受阻时，不应继续开采分层；顶板降落产生空洞时，不应在相邻进路或下部分层巷道内作业。

D　有底柱分段崩落采矿法应符合下列规定

（1）有底柱分段崩落法宜用于夹石较少、不需分采、形态不太复杂、厚度大于 5m 的急倾斜中厚矿体或任何倾角的厚大矿体；

（2）急倾斜、倾斜厚矿体分段高度宜为 20~30m；倾斜中厚矿体沿走向脉外布置电耙道时，分段高度宜为 10m；

（3）有底柱分段崩落法，宜采用垂直分条、小补偿空间挤压爆破；挤压爆破的补偿空间系数，应按不同落矿方式选取或通过试验确定，补偿空间系数宜为 15%~20%；

（4）缓倾斜矿体采用竖分条崩矿时，矿块中矿体最凸起部位应设有切割槽；急倾斜、倾斜中厚矿体，矿块沿走向布置时，矿块中矿体最厚部位应设切割槽；

（5）上下分段同时出矿时，上分段超前的水平距离不应小于分段高度的 1.5 倍；

（6）开采厚大矿体且盘区产量大时，应布置专用的进风和回风巷道；

（7）采场顶板不能自行冒落时，应及时强制崩落，也可用充填料予以充填。

E 无底柱分段崩落采矿法应符合下列规定

（1）无底柱分段崩落法宜用于矿石和下盘围岩稳固或中等稳固，上盘围岩不稳固或中等稳固，矿石价值不高的急倾斜厚矿体或缓倾斜极厚矿体；

（2）厚度大于50m的极厚矿体，可在矿体中央增开分段平巷，也可沿走向划分采区，在采区内划分矿块；

（3）回采主要技术参数宜通过采矿方法试验确定。未取得试验研究参数时，分段高度可取10~15m，进路间距可取10~20m，崩矿步距不应大于3m，扇形炮孔边孔倾角可取60°~70°；

（4）回采工作面的上方，应有大于分段高度的覆盖岩层；上盘不能自行冒落或冒落的岩石量达不到所规定的厚度时，应及时进行强制放顶，并应使覆盖岩层厚度达到分段高度的两倍左右；

（5）当矿石不够稳固时，应采取防止炮孔变形、堵塞和进路端部顶板眉线破坏的有效措施；

（6）同一分段的各相邻进路回采工作面，应形成阶梯状；

（7）上下两个分段同时回采时，上分段应超前于下分段，超前距离应使上分段位于下分段回采工作面的错动范围之外，且不应小于20m；

（8）分段回采完毕，应及时封闭本分段的溜井口。

F 阶段强制崩落采矿法应符合下列规定

（1）阶段强制崩落采矿法宜用于岩石中等稳固、矿体产状、形态变化不大的急倾斜厚矿体或任何倾角的极厚矿体；

（2）两个阶段同时回采时，上阶段应超前回采，超前距离不得小于一个采场长度；开采极厚矿体时，平面相邻采场应呈阶梯式推进；

（3）强制崩落顶板或暂留矿石作为垫层，垫层厚度不得小于20m；

（4）采用挤压爆破的补偿空间系数应为15%~20%；小补偿空间的补偿系数应为20%~25%；自由空间爆破的补偿系数应大于25%。

G 自然崩落采矿法应符合下列规定

（1）自然崩落采矿法宜用于矿石节理裂隙发育或中等发育，含夹石少，矿体形态规整的厚大矿体；

（2）矿山应开展必要的岩石力学工作，评价矿岩的可崩性；设计应根据矿岩性质、崩落高度和预测的崩落块度等因素综合确定放矿点间距和其他底部结构参数；

（3）底部结构应采用高强度混凝土或其他有效支护方式，眉线处宜设横向挡梁；

（4）应根据整个采区的构造分布、岩石性质、品位分布等因素综合确定初始拉底位置和拉底方向；初始拉底位置宜布置在可崩性好的部位；

（5）处理卡斗时，严禁人员进入堵拱下部处理；二次破碎大块时，除特殊情况外，严禁使用裸露药包爆破；

（6）应编制放矿计划，严格进行控制放矿；崩落面与崩落下的松散物料面之间的空间高度宜为5~7m；雨季出矿应采取相应的安全措施。

2.1.1.5　凿岩爆破设计规定

（1）凿岩设备的选择应根据矿岩物理力学性质、生产规模、采矿方法、凿岩设备的技术性能等因素综合确定。

（2）凿岩设备的配置，应符合下列规定：

1）炮孔深度小于 4m 时，宜采用浅孔凿岩设备；炮孔深度为 4~20m 时，宜采用中深孔凿岩设备；炮孔深度大于 20m 时，宜采用深孔凿岩设备；

2）采用浅孔和中深孔凿岩的采场，应按生产采场数单独配备；采用深孔凿岩的采场，应按阶段水平或采区配备；

3）掘进凿岩设备的配置，应按正常生产时期井巷掘进量及掘进速度计算掘进工作面，配备凿岩设备。

（3）有条件时宜采用大直径深孔凿岩，孔径宜为 110~200mm，钻孔偏斜率应控制在 1%以下。

（4）爆破器材的选择应符合下列规定：

1）井下爆破不应使用火雷管、导火索和铵梯炸药；

2）炮孔有水时应选择抗水性好的爆破器材；

3）高温爆破作业应选择耐热爆破器材。

（5）大直径深孔爆破应符合下列规定：

1）矿岩稳定条件允许时，宜采用柱状药包爆破；

2）当采用球状药包水平分层爆破时，应进行爆破漏斗试验；爆破宜采用高威力低感度炸药，分层爆破高度宜为 3~4m，多层爆破宜为 8~12m，最上一层高度宜为 7~10m；

3）高硫矿床，应有防止硫化矿尘爆炸的有效措施。

（6）采场出矿最大块度，浅孔爆破时应小于 350mm；中深孔和深孔爆破时应小于 700mm。

2.1.1.6　回采出矿设计规定

A　无轨设备出矿应符合下列规定

（1）当采用堑沟底部结构布置时，集矿堑沟、出矿巷道宜平行布置，集矿堑沟的斜面倾角不应小于 45°；装矿进路与出矿巷道的连接方式宜采用斜交，其交角不应小于 45°；装矿进路间距宜为 10~15m；装矿进路的长度不应小于设备长度与矿堆占用长度之和；

（2）当采用平底结构布置时，采场内三角矿堆的回收，应采用遥控铲运机；

（3）柴油铲运机单程运距不宜大于 200m，电动铲运机不宜大于 150m；

（4）采用无轨装运设备出矿时，应在溜井口处设置安全车挡，车挡高度应为设备轮胎高度的 2/5~1/2。

B　电耙出矿应符合下列规定

（1）电耙宜用于采场生产能力中等、矿石块度 500mm 以下的采场出矿；

（2）电耙出矿水平耙运距离不宜大于 40m，下坡耙运距离不宜大于 60m；

（3）倾斜、伪倾斜电耙绞车硐室应水平布置，绞车操作端宜布置与阶段运输平巷相通的人行通风天井；

（4）绞车前部应有防断绳回甩的防护设施；溜井边与绞车靠近溜井最突出部位的距离不应小于2m；电耙道与矿石溜井连接处应设宽度不小于0.8m的人行道；电耙硐室底板与溜井入矿口高差不应小于0.5m；

（5）采用电耙道出矿时，电耙道应有独立的进、回风道；电耙的耙运方向，应与风流方向相反；电耙道间的联络道应设在入风侧，并应布置在电耙绞车硐室的侧翼或后方。

C 振动放矿机出矿应符合下列规定

（1）振动放矿机宜用于采用漏斗和堑沟底部结构的采场及溜井出矿；

（2）振动放矿机埋设参数和振动台面的几何参数，应根据矿石的物理力学性质、矿石自然安息角、矿石黏结性、最大块度、溜井放矿量和矿石运输设备等因素计算确定；

（3）振动放矿机台面倾角宜为10°~20°，矿石流动性好时宜取小值，矿石流动性不好时宜取大值；

（4）振动放矿机下料口与矿车顶面的高度不应低于200mm。

2.1.1.7 露天转地下开采相关规定

（1）露天转地下开采过渡期，回采方案确定，应符合下列规定：

1）走向长度大或分区开采的露天矿，在转入地下开采时，应采取分区、分期的过渡方案；

2）应根据所选用的采矿方法确定境界安全顶柱或岩石垫层的厚度；

3）排水方案设计时，应分析研究原露天坑的截排水能力及其对坑内排水的影响；

4）应保持矿山能够正常持续生产，且矿石供给总量基本平衡；

5）地下采矿方法选择，应分析研究露天边坡稳定性和产生泥石流对地下开采的影响；

6）应合理安排开采顺序，露天和地下的开采部位宜在水平面错开。

（2）露天转地下开采过渡期，在露天保护地段下部，当条件允许时，地下开采可采用自然崩落法，但不应采用无底柱分段崩落法、有底柱分段崩落法等崩落法。采用自然崩落法开采时，应采用高阶段回采，同时应通过计算确定露天坑底和崩落顶板之间境界安全顶柱的规格，在崩落范围顶线临近境界安全顶柱时，露天开采应结束或停止。

（3）露天结束后转地下开采，境界安全顶柱的留设应符合下列规定：

1）采用空场法回采时，露天坑底应留设境界安全顶柱，安全顶柱的厚度应通过岩石力学计算确定，但不应小于10m；

2）采用充填法回采时，可在露天坑底铺设钢筋混凝土假底作为地下开采的假顶。当采用进路式回采且进路宽度不大于4m时，钢筋混凝土假顶厚度不应小于1m；当采用空场嗣后充填采矿法时，钢筋混凝土假顶厚度应按采场跨度参数通过岩石力学计算确定。

2.1.2 采矿方法设计基础知识

2.1.2.1 采矿方法分类

我国金属和非金属矿床地下采矿方法按照采空区维护方法分为空场采矿法、充填采矿法及崩落采矿法三大类，见表2-1。

表 2-1 金属和非金属矿床地下采矿方法分类

类别	组别	典型方案
空场采矿法	全面采矿法	留不规则矿柱全面采矿法 留规则矿柱全面采矿法
	房柱采矿法	留连续矿柱房柱采矿法 留间隔矿柱房柱采矿法
	留矿采矿法	浅孔留矿采矿法
	分段矿房采矿法	分段矿房采矿法
	阶段矿房采矿法	水平深孔阶段矿房采矿法 垂直深孔阶段矿房采矿法
充填采矿法	垂直分条充填采矿法	单层（水力、胶结）充填采矿法
	上向分层充填采矿法	上向水平分层充填采矿法 上向倾斜分层充填采矿法
	上向进路充填采矿法	上向进路充填采矿法
	下向分层（进路）充填采矿法	下向分层（进路）充填采矿法
	方框支架充填采矿法	方框支架充填采矿法
	削壁充填采矿法	削壁充填采矿法
崩落采矿法	单层崩落采矿法	长壁式单层崩落采矿法 短壁式单层崩落采矿法 进路式单层崩落采矿法
	分层崩落采矿法	进路分层崩落采矿法 壁式分层崩落采矿法
	分段崩落采矿法	无底柱分段崩落采矿法 有底柱分段崩落采矿法
	阶段崩落采矿法	水平深孔阶段强制崩落采矿法 垂直深孔阶段强制崩落采矿法 阶段自然崩落采矿法

2.1.2.2 采矿方法选择的基本要求

在进行采方法选择时，应注意所选择的采矿方法必须满足下列基本要求：

（1）工作条件要安全和良好。确保工人在开采过程中安全生产和有良好的作业条件，保证矿山能安全持续地进行生产，防止井下和地表的建筑物、主要设施和各种设备遭到破坏，防止地下水灾和火灾及其他重大灾害的发生。

（2）充分、合理地开采地下矿产资源。选择的采矿方法贫损指标要小，矿石质量高，矿石质量满足市场要求。对于富矿、稀缺矿床开采，要选择回收率高的采矿方法。在分期开采矿床时，要选择使后期开采不遭破坏的采矿方法，有效地保护矿产资源。

（3）生产能力满足要求，劳动生产率高。要尽可能选择生产能力大和劳动生产率高的采矿方法。减少多阶段作业，以利于生产管理和实施强化集中开采。

（4）生产成本低、经济效益高。选择采矿方法时，不仅要考虑矿石回采成本，还要考虑矿石加工成本，综合经济效益好。

2.1.2.3 采矿方法选择的主要影响因素

矿体地质条件、开采技术经济条件和加工技术要求是采矿方法选择的主要影响因素。

(1) 矿床地质条件对于采矿方法选择有直接影响，起控制性作用，因此必须具备充分可靠的地质资料，才能进行采矿方法选择。矿床地质条件一般包括：矿石和围岩的物理力学性质、矿体产状、矿石的品位及价值、有用矿物在矿体和围岩中的分布、矿体赋存深度、矿石和围岩的自燃性与结块性。

(2) 开采技术经济条件主要包括：地表是否允许陷落、加工部门对产品的技术要求、技术装备与材料供应、采矿方法所要求的技术管理水平。

2.1.2.4 采矿方法选择的方法

在分析研究矿床地质条件、岩石力学数据，矿山设备材料供应情况、有关矿石加工资料等开采技术经济因素之后，即可根据选择采矿方法的基本要求进行采矿方法选择。

采矿方法选择可分为三个步骤：第一步，采矿方法初选；第二步，技术经济分析；第三步，技术经济比较。

在采矿方法选择的实践中，主要是根据类似条件矿山的实践经验，采用类比法进行采矿方法方案选择和比较。在一般情况下，在初选几个方案之后，经过第二步技术经济分析，便可选出适合的采矿方法。只有当经过技术经济分析之后，仍然难分优劣的 2~3 个采矿方法中，才进行第三步的技术经济比较，最后选出最优的采矿方法。

A 采矿方法初选

根据采矿方法选择的原则和基本要求，提出一些技术上可行的采矿方法方案。

(1) 全面系统地分析矿石和围岩稳固性，有条件时进行矿床的稳固性分类，根据不同的稳固性类型分别进行采空区允许体积、矿体和围岩允许暴露面积评价。同时可辅助以岩石力学数值计算方法进行采场稳定性分析。

(2) 根据矿床地质条件，按采矿技术要求，对矿体的倾角、厚度、矿石品位分布特征并行统计分类，确定不同类型的比重，分别选择不同采矿方法方案。

(3) 根据上述分类资料和参考表 2-2 选出技术上可行的采矿方法方案。

表 2-2 根据矿岩稳固性、矿体厚度和倾角，可能采用的采矿方法

矿体倾角	矿体厚度	矿岩稳固性			
		矿石稳固 围岩稳固	矿石稳固 围岩不稳固	矿石不稳固 围岩稳固	矿石不稳固 围岩不稳固
缓倾斜	薄、极薄	全面、房柱法	单层崩落法，垂直分条充填法	垂直分条充填法，全面法、单层崩落法	垂直分条充填法，单层崩落法
	中厚	分段矿房法，房柱法，全面法	分段矿房法，分层崩落法，有底柱分段崩落法，分层充填法，锚杆房柱法	分段矿房法，上向进路充填法，垂直分条充填法	有底柱分段崩落法，分层崩落法，垂直分条充填法
	厚和极厚	阶段矿房法，分段、阶段崩落法，上向分层充填法	分段、阶段崩落法，上向分层充填法	上向进路充填法，分段崩落法，阶段崩落法	分段、阶段崩落法，分层崩落法，下向充填法，上向进路充填法

矿体倾角	矿体厚度	矿岩稳固性			
		矿石稳固 围岩稳固	矿石稳固 围岩不稳固	矿石不稳固 围岩稳固	矿石不稳固 围岩不稳固
倾斜	薄、极薄	全面法，房柱法	垂直分条充直法，上向分层充填法单层崩落法	上向进路充填法，分段矿房法，分段崩落法，全面法	分层崩落法，上向进路充填法，下向分层充填法，分段崩落法
	中厚	分段矿房法	有底柱分段崩落法，上向分层充填法	上向进路充填法，分段矿房法，有底柱分段崩落法	有底柱分段崩落法，下向分层充填法，上向进路充填法，分层崩落法
	厚和极厚	阶段矿房法，分段矿房法	分段、阶段崩落法，上向分层充填法	上向进路充填法，分段矿房法，分段、阶段崩落法，下向分层充填法	分层崩落法，上向进路充填法，下向分层充填法，分段、阶段崩落法
急倾斜	极薄	削壁充填法，留矿法	削壁充填法	上向进路充填法，下向分层充填法	下向分层充填法，上向进路充填法
	薄	留矿法，分段、阶段矿房法	上向分层充填法，分层崩落法，分段崩落法	上向进路充填法，分层崩落法，分段崩落法，分段矿房法	上向进路充填法，下向分层充填法，分层崩落法，分段崩落法
	中厚	分段矿房法，阶段矿房法，分段崩落法	分段矿房法，上向分层充填法，分段崩落法	上向进路充填法，下向分层充填法，分层崩落法，分段崩落法，分段矿房法	下向分层充填法，上向进路充填法，分层崩落法，分段、阶段崩落法
	厚和极厚	阶段矿房法，分段、阶段崩落法	分段矿房法，分段、阶段崩落法，上向分层充填法	上向进路充填法，下向分层充填法，分层崩落法，分段、阶段崩落法	分段、阶段崩落法，下向分层充填法，上向进路充填法，分层崩落法

B　采矿方法的技术经济分析

对初选的采矿方法方案，要确定其主要结构参数、采准切割布置和回采工艺，绘制采矿方法方案的标准图，参照类似条件矿山的实际资料，选取主要技术经济指标，对初选的各种采矿方法方案进行技术经济分析。

技术经济分析的主要内容包括：矿块生产能力、矿石贫化率、矿石损失率、采矿工人劳动生产率、采准工程量及时间、主要材料消耗（特别是木材、水泥的消耗）、采出矿石直接成本及方案的主要优缺点。另外还要考虑方案的安全程度、作业条件、灵活性、对开采条件变化的适应性，以及回采工艺的繁简程度等。有时还得考虑与采矿方法有关的基建工程量和基建投资等因素。

在进行技术经济分析时，要掌握在具体条件下起主导作用的因素；分析哪些指标是主要的、哪些是次要的，这样才能选择适合具体开采条件的采矿方法，以取得更好的经济效益。在大多数情况下，经过技术经济分析，即可确定采矿方法。但在个别情况下，需做技术经济比较方能确定最佳采矿方法。

C 采矿方法的技术经济比较

采矿方法的技术经济比较是对2~3个技术上可行，经过技术经济分析看不出优劣的方案，做详细的设计，计算出其经济指标，再综合考虑其他技术因素，确定采矿方法。这种比较往往涉及的因素较多，经常需要计算相关费用后，才能得出最终的经济效果指标。

经济指标有：矿石品位、最终产品（精矿或金属）品位、单位产品利润、年利润、基建投资额及投资效果指标。在进行经济比较时，如用成本指标，一定是在产品质量相同的条件下方可比较；要用利润指标，经常是按矿山企业的最终产品（精矿）利润来比较；如精矿品位相差较大，影响冶炼加工金属产品时，需按金属计算。如在参与比较方案中，投资有差别（如采装设备有较大差别，选矿能力不同等），则需按动态投资收益率或净现值等投资效果指标进行比较。

技术指标有：矿石贫化率、损失率、金属损失量、主要材料（木材、水泥等）年用量、劳动生产率、地面状态、使用设备情况等。大部分的技术指标已在经济中反映（如材料消耗、设备费用、劳动消耗等），但由于这些指标还可以反映社会效益（如矿石的永久损失、紧缺材料的供应、地面农田的利用、设备供应、使用外汇情况等），必须作为单独指标参与比较，来反映国民经济的效益。在方案比较中，使用哪些技术指标，则由参与比较方案的具体条件来决定。在参与比较的方案指标差异较大或有特殊需要的，应参与综合分析比较。

2.1.2.5 采矿方法设计要点及步骤

A 采场结构和参数设计

不同的采矿方法对采场布置形式和尺寸参数要求不一样，应根据矿体赋存情况及矿岩物理力学性质、稳固性等综合确定。

比如采用浅孔留矿法的矿山，矿体属急倾斜薄至中厚，采场一般沿中段走向布置，若采用电耙出矿，则采场走向长度一般不超过60m。采场高度应从安全角度来限制，控制采场顶、底板暴露面积，一般应控制在60m以内。漏斗间距与漏斗受矿口倾角、底部结构高度等参数关系密切、相互制约，应综合确定，不过其一般在5~8m（特殊情况：当矿体厚度较小时，漏斗间距可适当减小）。漏斗受矿口倾角应大于矿石的自然安息角，一般取50°~55°。底部结构高度根据漏斗间距和漏斗受矿口倾角通过计算或绘图后得出。采场联络道垂直间距（高差）宜为2个回采分层高度，常取4~6m。矿柱尺寸应根据采场尺寸、地压大小、矿体稳固性等因素来确定。对于露天开采结束后转地下开采的矿山，当采用空场法回采时，露天坑底应留设境界安全顶柱，安全顶柱的厚度应通过岩石力学计算确定，但不应小于10m。

B 回采落矿方式确定

应根据回采强度要求，贫化损失控制，矿体厚度及倾角，矿岩坚固性等因素来确定落矿方式。当回采强度要求高、矿体中厚以上可采用中、深孔爆破落矿；矿体薄、赋存不稳定或贫化损失指标控制严格的情况下应考虑采用浅孔爆破落矿。

根据爆破方式选择凿岩设备，并根据产量要求计算一次爆破量、孔网参数、装药量等。

C　确定回采方式及回采工作面布置

落矿方式确定后，再确定科学、合理、经济、安全的回采方式、工作面布置形式、爆破方向及其顺序。如浅孔留矿法，可设计成自采场底部向上逐分层回采，也可以自上而下逐分层回采，相比之下自下而上更经济、更安全。分层内可自中间向两端推进或自两端向中间推进，也可自一端向另一端推进或多梯段同时推进、流水施工等，炮孔可布置成水平孔、倾斜孔或垂直孔。

D　选择拉底切割方式

根据回采方式及顺序，确定拉底（切割）工程位置、尺寸参数等。

E　确定采场矿、岩的运搬方式及出矿系统

根据不同的回采工艺，可采用重力运搬、机械运搬、爆力运搬、人工运搬等方式。运搬方式选择的原则是技术上可行、经济上合理、作业安全、资源回收率高。急倾斜矿体常用重力运搬、配合机械运搬；倾斜、缓倾斜矿体回采以机械运搬为主。

底部结构可采用人工构造底部结构、电耙出矿底部结构（包括堑沟式、平底式、漏斗式等）、铲运机平底结构、漏斗直接放矿底部结构、振机放矿底部结构等。可见，出矿系统与出矿设备密切相关，因此应首先选择出矿设备、确定出矿方式，再来设计底部结构。

F　采准工程布置

采准工程主要服务于采场回采过程人行、通风要求。采准工程的布置应尽量节省工程量，使用方便、安全。

不同的采矿方法、回采工艺所要求的采准工程也不一样，例如电耙出矿漏斗底部结构浅孔留矿法，要求采准工程至少有：采场天井、采场联络道、电耙道、放矿漏斗。

G　确定采场通风系统

确定采场新鲜风流线路、污风排放线路。根据采场作业人员数量、凿岩及出矿设备数量、每次爆破药量等因素来确定通风设备型号及台（套）、通风时间、通风制度等。

H　顶板维护方法与空区处理方法确定

提出采场回采期间顶板的维护方法、安全注意事项。提出采场回采结束后，应采取的对空区的处置方案。

I　采切工程计算

根据人行、通风、设备进出、出矿等要求，确定采准、切割工程的断面尺寸（按表2-3设计）、长度等，进一步计算出采切工程量。当无法统计出准确的采切工程长度时，可先绘制采矿方法矿块设计图，然后在图上进行测量即可。

表 2-3　各种采切工程断面尺寸

工程名称	断面尺寸/m×m	备　　注
人行天井	(1.5~2.0)×(1.5~2.0)	按风速和掘进工艺来确定
电耙巷道	(1.8~2.2)×(1.8~2.2)	根据耙斗规格、大块率来确定
凿岩巷道	(2.2~2.5)×2.5	YG-40 配 FJ2-25 支架打水平孔
	2.3×2.5	YG-80 配雪橇式台架
	3.0×2.8	YG-90 配 CZZ-700 台车

工程名称	断面尺寸/m×m	备 注
凿岩硐室	3.5(长)×(2.8~3.2)(高)	YQ-100A 凿岩机凿岩
凿岩天井	2.2×(2.2~2.5)	
溜井	≥3d	d 为矿石允许合格块度
人行联络道	(1.8~2.0)×(1.8~2.0)	按人行、设备通过要求计算
切割天井	(1.8~2.0)×(2.0~3.2)	
切割平巷	(1.8~2.5)×(2.2~2.5)	

J 绘制采矿方法矿块设计图

根据设计的采场结构参数、采准切割工程布置形式及尺寸参数，绘制典型矿块或首采矿块的设计图纸。

K 计算采矿方法技术经济指标

统计采场特征参数、计算丅吨采切比、计算设备和人员数量、计算采出矿量以及选取消耗定额指标等，填写采矿方法技术经济指标表。

2.1.2.6 采矿方法图纸绘制

A 采矿方法图纸内容及规范

（1）图纸比例宜选 1：100、1：200 或 1：500；（2）图纸尺寸应为标准图幅尺寸，如 A3、A2 等；（3）图纸应有图名、图签、图框等要素；（4）图中应有必要的尺寸标注（采场结构尺寸、细部结构参数）、文字说明（采矿关键工艺及注意事项）、采切工程量表及主要技术经济指标表等；（5）所有采准、切割工程均应在矿体纵投影图、水平剖面图及地质横剖面图上来布置，最后组合成采矿方法三视图；（6）图中采矿方法三视图比例应适中，布局要合理，位置应正确，并能将采矿工艺及回采过程反应清楚。

B 采矿方法图纸绘制方法及步骤

总体绘制顺序是先开拓、再采准、后切割工程。一般先从横剖面图开始绘制，再绘制正视图及水平剖面，也可交替绘制。

以浅孔留矿法为例，一般绘图步骤如下：

（1）选定穿过采场的地质横剖面图，并在该图上确定并绘制开采移动范围；（2）在地质横剖面图上确定运输水平、回风水平；（3）在地质横剖面图上绘制采场底部结构→回风联络巷→采场天井→人行联络巷→切割平巷等采切工程；（4）在正视图（矿体纵投影图）中绘制采场间柱及顶柱→采场天井→人行联络道→底部结构→切割平巷→回采工作面等；（5）按"高平齐、长对正、宽相等"的制图原则绘制其他剖面，如电耙巷道水平切面图等；（6）检查采矿方法三视图中采切工程是否完善、位置及断面是否正确；（7）绘制细部结构放大图，如工作面炮孔布置图、漏斗结构放大图等；（8）尺寸标注；（9）绘制采切工程计算表、综合技术经济指标表；（10）注写采矿方法图例说明及文字说明；（11）绘制图框及图签等。

2.1.2.7　采矿方法设计说明书编制

采矿方法设计说明书是采矿方法设计的重要组成部分，说明书应内容全面、工艺描述清楚、各种计算正确无误。

说明书应主要描写矿块（采场）布置形式和构成要素、采准切割工程布置、矿块回采工艺、地压管理、空区处理、采矿方法主要技术经济指标等内容，各部分编写的主要内容如下：

（1）矿块布置形式和构成要素。应重点介绍采场的布置形式及采场结构尺寸参数。布置形式应描述清楚采场是沿走向或垂直走向布置、矿块内设几个采场、采用的底部结构形式等。采场结构尺寸应描述采场长、宽、高尺寸，矿柱尺寸、采准及切割工程构造尺寸等。

（2）采准切割工程布置。按施工顺序分别介绍采准、切割工程布置位置、断面尺寸及施工过程，计算矿块采切工程量。

（3）矿块回采工艺。介绍采场工作面布置、回采顺序，按采场的回采施工顺序及施工工艺分别介绍凿岩、爆破、采场通风、出矿、矿柱回收等工艺过程，以及主要设备型号、台（套）等。

凿岩工艺需描述清楚使用的设备，炮孔布置及深度、倾角等参数；爆破工艺描述孔网参数，起爆系统，装药及填塞、联线、起爆施工工艺和参数，计算爆破危险有害因素影响范围；采场通风描述采场通风线路、通风设备、通风制度；出矿介绍矿石运搬线路、方式及控制技术；矿柱回采描述顶底柱及间柱的回收方案、回收施工工艺及安全注意事项。

（4）地压管理。介绍采场回采期间顶底板维护、地压管理方法及安全注意事项。

（5）空区处理。介绍采场回采结束对采场空区临时处理方法以及中段回采结束后最终处理方案，以及空区处理、监测等安全注意事项。

（6）采矿方法主要技术经济指标。统计采场特征参数、计算采切比、计算设备和人员数量、计算采出矿量以及选取消耗定额指标等，填写采矿方法技术经济指标表。

2.1.3　采矿方法设计实例

本节以马鹿塘铅锌矿为例，讲述采矿方法选择、设计的基本方法及过程。

2.1.3.1　采矿方法选择

A　方案初选

马鹿塘铅锌矿两条矿体均属急倾斜薄矿体，矿岩稳固性中等至好，根据表2-2，可选择的方案有留矿法和分段、阶段矿房法。由于本矿矿体较薄，从控制贫、损指标角度首先排除阶段矿房法，剩下浅孔留矿法和分段矿房法来进行技术经济分析比较。

B　技术经济分析比较

两方案技术经济比较结果见表2-4。从表中可看出，浅孔留矿法的主要优势是采切工程量省、贫化及损失率较低，分段矿房法的主要优势是采矿工效高。

由于本矿初定的生产规模较小，两方案均可达到生产能力要求，虽然分段矿房法采矿直接成线较浅孔留矿法低 2.5 元/t，但由于其贫化损失率较高而导致的间接损失更大，而且采用中深孔爆破大块率较高。经综合比较后，认为浅孔留矿法更适合开采本矿。

表 2-4　方案技术经济分析比较表

比较项目	单位	普通浅孔留矿法	分段矿房法
矿房生产能力	t/d	80~120	200~350
贫化率	%	6~10	10~18
损失率	%	8~15	12~20
采准工程量	m/kt	9.36	12.25
炸药单耗	kg/t	0.42	0.40
采矿工效	t/工班	8	14
采矿直接成本	元/t	22.8	20.3

2.1.3.2　采矿方法设计

A　采场结构和参数

矿体属薄层状，设计采场沿走向布置。

根据矿体纵投影图，矿体主要赋存在 1330~1490m 标高范围内，根据浅孔留矿法经济合理中段高度在 40~60m，拟将矿体分为 3 个中段进行开采，因此中段高确定为 50~55m。间柱宽为 6m。由于矿体浅部有露天采空区，露天采场底部标高为 1490m，为保证生产安全，设计回风巷掘在 1484m，最上一个中段顶柱高设计为 10m（后期可利用 1484m 回风穿脉回收部分）。

矿山有 V_1、V_2 两条矿体，水平间距 18~32m 不等，宜选用穿脉和电耙漏斗出矿底部结构。设计过程如下：

a　矿石溜井设计

每个采场只设计一条矿石溜井负责整个采场的出矿。溜井设计要素有放矿口底板倾角及长度、放矿口尺寸、储矿段长度及直径等。溜井的设计步骤如下：

（1）溜井放矿口下缘位置确定。在穿脉运输平巷中确定溜井放矿口下缘位置，根据道床参数及矿车高度，计算出矿车上缘距离巷道底板高度为 1170mm，溜井放矿口下缘必须高于矿车上缘 200mm，由此可计算出溜井放矿口下缘距离巷道底板高度最小为 1370mm。水平方向，溜井放矿口下缘必须在矿车外缘以内 200mm，矿车距离巷道墙安全距离为 300mm，由此可确定溜井放矿口下缘距离巷道墙的水平距离为 500mm 以上，如图 2-1 所示。

（2）溜井放矿口底板倾角及长度。溜井放矿口底板倾角必须大于矿石自然安息角，本

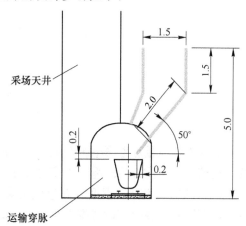

图 2-1　溜井设计

矿矿石自然安息角46.3°，溜井放矿口底板倾角设计为50°。溜井放矿口底板斜长宜为一茬炮爆破深度（一般取1.8~2.2m），设计为2.0m。

（3）溜井放矿口尺寸确定。放矿口宽度不小于矿石最大块度的2倍，不超过矿车长度的0.8倍，设计取0.8m；放矿口高度与矿石块度及气动闸门有关，设计为0.6m。

（4）溜井储矿段设计。溜井储矿段直径不小于矿石块度的3倍，本矿可设计为1.5m。溜井储矿量应不小于一次耙矿量（浅孔留矿法每次放矿量为每次爆破矿量的1/3左右），经计算后设计溜井储矿段（直筒段）高1.5m。

以上4项参数设计好后，就可自穿脉运输平巷绘制溜井，同时可量出下底柱（溜井上口距离运输巷道底板的垂高）高度为5.0m，如图2-1所示。

b　电耙巷道设计

根据《有色金属采矿设计规范》（GB 50771—2012）的规定，电耙绞车硐室操作端宜布置与阶段运输平巷相通的人行通风天井；溜井边与绞车靠近溜井最突出部位的距离不应小于2.0m；电耙硐室底板与溜井入矿口高差不应小于0.5m；电耙道应有独立的进、回风道；电耙的耙运方向，应与风流方向相反；电耙道间的联络道应设在入风侧，并应布置在电耙绞车硐室的侧翼或后方。

电耙巷道底板高程即为溜井上口高程。根据中段开采顺序及矿井风流方向，设计利用采场左侧人行通风天井作为电耙巷道进风天井、利用采场右侧人行通风天井作为电耙巷道回风天井，自两侧采场天井掘联络平巷贯通电耙巷道。绞车硐室设在电耙巷道左端部，其底板高程高于电耙巷道底板（溜井入矿口）0.5m，绞车硐室前端与溜井口最小距离设计为2.8m。根据采场所使用的电耙型号及其配套绞车尺寸，设计电耙硐室尺寸为2.0m×2.2m×2.0m。电耙巷道为矩形断面，为便于人员通行，断面设计为1.8m×1.8m。电耙巷道设计如图2-2所示。

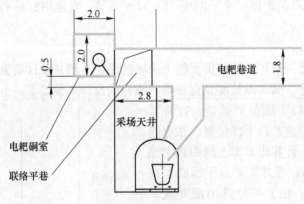

图2-2　电耙巷道设计

设计人员应重点考虑电耙巷道安全设施的设计，其安全设施主要包括溜井旁侧人行道及电耙绞车硐室前方防断绳回甩安全设施。

（1）人行道设计。根据《有色金属采矿设计规范》（GB 50771—2012）的规定，电耙道与矿石溜井连接处应设宽度不小于0.8m的人行道。在本例中，人行道设计为0.9m，人行道根据情况可布置在近矿体一侧或远矿体一侧。本例中若布置在近矿体一侧，则人行道会与第一斗穿贯通，技术上不可行、安全上不可靠，因此只能布置在远矿体一侧，如图 2-3 所示。

（2）绞车硐室安全格筛设计。根据《有色金属采矿设计规范》（GB 50771—2012）的规定，绞车前部应有防断绳回甩的防护设施。矿山常用钢制安全栏用于防护绞车断绳回甩，安全栏可设置在绞车硐室前方，也可设置在溜井后侧。若将安全栏设置在绞车硐室前方，则电耙联络道暴露在甩绳危险区及溜井口危险区；将安全栏设置在靠溜井的后方，正常作业时人员可自由进出绞车硐室、联络道，不受甩绳及溜井口威胁。因此，最优方案是将安全栏设置在靠溜井的后方，靠人行道一侧设置安全门，如图 2-3 所示。

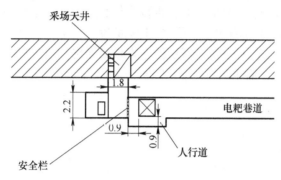

图 2-3 电耙联络道安全设施设计

c 斗穿、斗井及漏斗设计

（1）斗穿斗井的设计。斗穿的作用是将漏斗内矿石有序地引入电耙巷道，设计要素有斗穿断面尺寸和斗穿长度，设计时，通常先确定斗穿断面尺寸，再通过绘图确定斗穿长度。设计步骤如下：

1）确定斗穿断面尺寸。根据该矿矿石块度，确定斗穿宽为 1.8m，高为 1.8m。

2）确定斗穿长度。在采场横剖面图中先绘制一定长度的斗穿及电耙巷道，按矿石自然安息角确定出矿石在斗穿及电耙巷道中的自然堆积线，保证矿石在电耙巷道中占距电耙巷道宽度的 1/2~2/3，求得斗穿长度 0.5~0.8m。当矿石在电耙巷道中占距电耙巷道宽度的 1/2 时，斗穿长度为 0.8m，如图 2-4 所示；当矿石在电耙巷道中占距电耙巷道宽度的 2/3 时，斗穿长度为 0.5m，如图 2-5 所示。本矿设计斗穿长度为 0.6m。

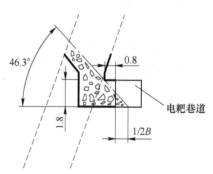

图 2-4 矿石占距电耙巷道宽度的 1/2

3）斗井设计。斗井的断面尺寸与斗穿一致，其高度可根据不同的需要来确定，为节约工程量，同时起到引流矿石的作用，设计取 0.5m。

（2）漏斗设计。漏斗的设计要素包括漏斗高度、宽度、走向长度、受矿口倾角等。一般是先确定受矿口倾角，然后在采场横剖面图上确定漏斗高度，同时可求得漏斗的宽度，再在采场正视图中确定漏斗的走向长度。该采场的漏斗设计步骤如下：

1）受矿口侧壁倾角确定。根据该矿的物理力学性质，特别是矿石自然安息角

（46.3°），确定漏斗受矿口倾角为50°（大于自然安息角）。2）受矿口高度确定。在采场横剖面图中，自斗井侧壁上口绘制漏斗受矿口，需注意斗井下盘侧壁的上口刚好落在矿岩下盘接触线上。漏斗受矿口上盘侧壁倾角50°，下盘侧壁的倾角与矿体倾角一致（70°）。在图上量测得漏斗受矿口高度为1.25m，漏斗受矿口宽度与矿体水平厚度相同（3.3m），如图2-6所示。3）漏斗走向长度的确定。在采场正视图中，按宽1.8m、高0.5m绘制好斗井，再自斗井上口以50°绘制漏斗受矿口两端侧壁，受矿口高度为

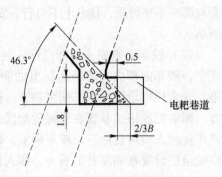

图2-5　矿石占距电耙巷道宽度的2/3

1.25m，求得漏斗走向长度为3.9m（可从图上直接量测出），如图2-7所示。根据采场矿房走向长44m，可布置11个漏斗，设计漏斗间距为4m。

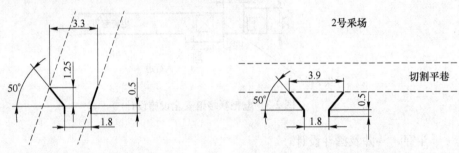

图2-6　确定漏斗受矿口高度和宽度　　　　　　图2-7　确定漏斗走向长度

以上结构尺寸设计完成后，即可在采场正视图及电耙水平剖面图中绘制完整的底部结构，如图2-8所示、图2-9所示。

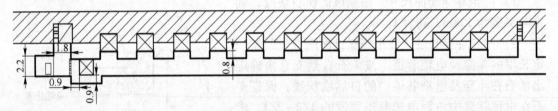

图2-8　底部结构设计平面图

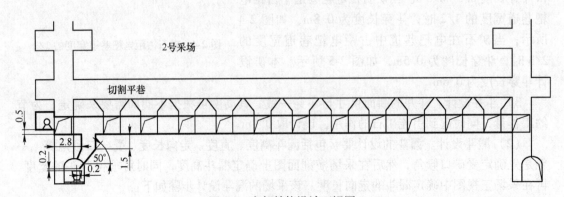

图2-9　底部结构设计正视图

从该例可看出，漏斗的尺寸要素是通过计算或绘图而得，并非按经验数据或工程类比法选取。

B 回采落矿方式

本矿体薄，为了更好地控制贫化损失指标，设计采用浅孔爆破落矿。使用 YSP-45 及 YTP-26 型浅孔凿岩机打眼，孔间距设计为 0.8m，排间距 0.8m，孔深 2.2m。根据产量要求，每天爆破 2 班、每班爆破 11~12 个炮孔，单孔装药量 1.4kg。

C 回采方式及回采工作面布置

工作面沿走向布置，自下而上分层开采，工作面上布置 2 个梯段交替流水施工，炮孔布置成垂直孔。

D 拉底切割方式

拉底（切割平巷）布置在采场最底部，即漏斗受矿口上部第一开采分层。其宽为矿体厚，高为 2m。

E 采场矿、岩的运搬方式及出矿系统

矿体底板光滑、倾角约为 70°，采场内采用重力运搬。进入电耙道后采用 0.3m³ 电耙出矿，通过溜井装车。

F 采准工程布置

本矿采准工程至少有：采场天井、人行联络道、电耙道、放矿漏斗。天井及其两侧人行联络道均布置在间柱中间，电耙道布置在矿体下盘，放矿漏斗布置在矿体内。

G 确定采场通风系统

设计利用采场左侧天井进风、经人行联络道进入回采工作面，污风从右侧天井上段排至上部回风巷。选用 JK 系列局部通风机和风筒加强通风，宜为压入式。正常作业利用矿井主风流不间断通风，爆破后开局扇加强通风，时间不少于 30min。

H 顶板维护方法与空区处理方法确定

在采场上下盘围岩局部稳固性较差的地方采用管缝式（或 φ20 的螺纹钢）锚杆护顶，锚杆长 1.5~2.0m，间距 1.0m。矿体厚度小，也可留矿石（留贫矿）支护顶板围岩。在两矿体之间夹石层薄的采场，也可以留下贫矿或部分矿石支护。

本矿由于地表允许崩落，在各采场开采完成后以保证安全的前提下及时回收部分间柱及顶柱（底柱在下中段回顶时进行），然后封闭空区。

I 采切工程计算，见 2.1.3.4 节实例表 1。

J 绘制采矿方法矿块设计图

选择 1430m 中段东侧第 1 采场作为设计对象，绘制矿块的设计图纸，见 2.1.3.3 节。

K 计算采矿方法技术经济指标，见 2.1.3.4 节对应表格。

2.1.3.3 采矿方法设计图纸

采矿方法设计图纸如图 2-10~图 2-13 所示。

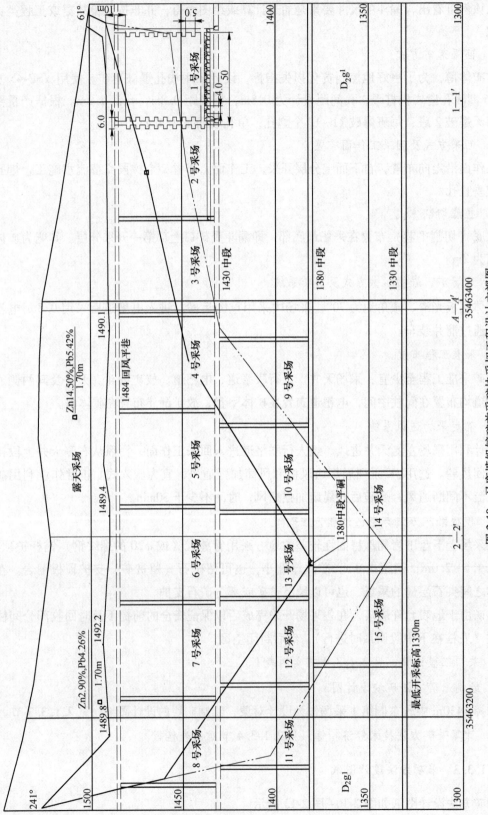

图 2-10　马鹿塘铅锌矿首采矿块采切工程设计主视图

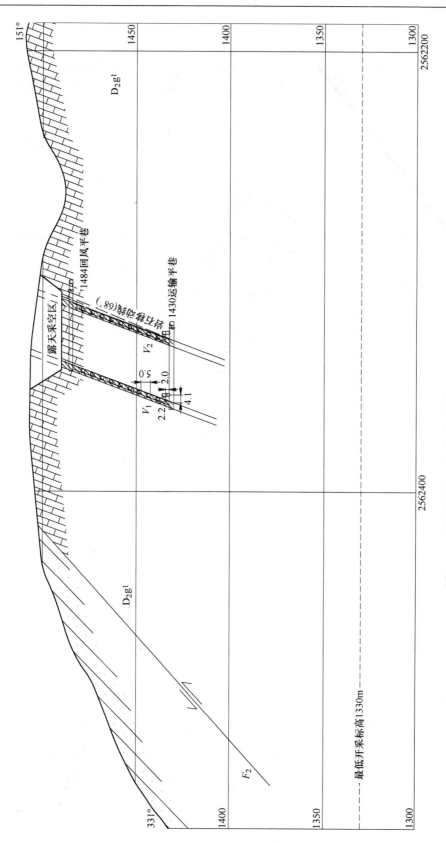

图 2-11 马鹿塘铅锌矿首采矿块采切工程设计 1—1′横剖面图

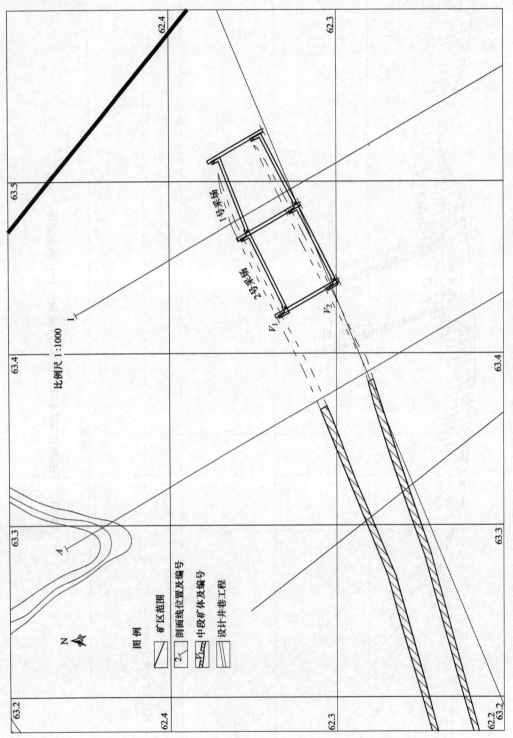

图 2-12 马鹿塘铅锌矿首采矿块采切工程设计水平剖面图

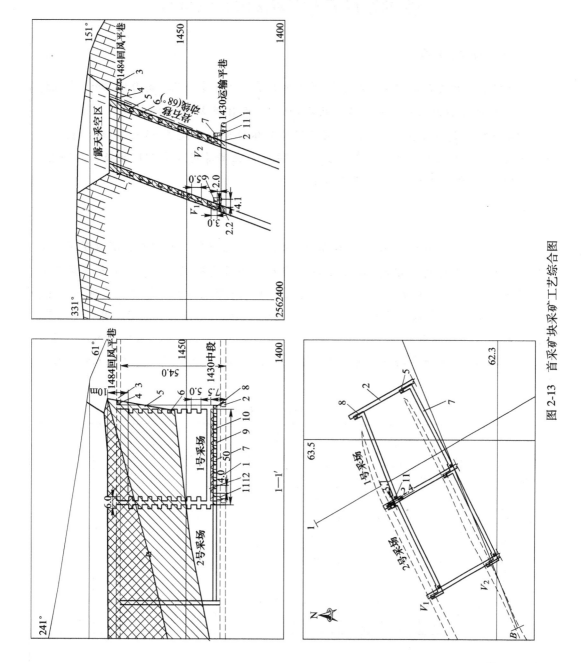

图 2-13 首采矿块采矿工艺综合图

2.1.3.4　采矿方法设计说明书

马鹿塘铅锌矿采矿方法设计说明书

1. 矿块布置和构成要素

　　本次初步设计对开采的 V_1 矿体、V_2 矿体设置了 3 个中段，中段高均为 50m。本设计为首采段 V_1 矿体 1430m 中段东部第 1 采场而设计，矿体厚 1.5m，倾角 70°。

　　矿块沿矿体走向布置，长 50m，采场宽为矿体厚度。中段高 50m，矿块间柱 6m，采用电耙出矿底部结构，底柱全高 6.5m，顶柱（与上部原露天采空区底板垂直高差）10m。底部漏斗间距 4m，采场联络道垂距为 5m。

2. 采准切割

　　中段运输巷道布置在 V_2 矿体下盘脉外，垂直矿体掘穿脉出矿平巷，掘放矿溜井至电耙道水平，沿矿体走向掘电耙道，自穿脉在矿块间柱内布置脉内人行材料通风天井（2m×1.8m）通往上中段回风穿脉，自脉内人行材料通风天井掘联络巷道贯通电耙道，掘垂直方向每隔 5m 高掘进矿房联络道（断面 2m×1.8m），当矿体较薄时，宽为矿体厚，高为 1.8m，沿电耙道靠矿体下盘一侧间隔 7m 开掘斗穿、斗颈（1.5m×1.5m）到拉底层，在拉底水平开掘一条切割平巷并按矿体全厚进行拉底工作和扩漏。矿块采切工程见表 1。

表 1　矿块采切工程量表

项目	巷道长度/m			断面 /m²	工程量/m³		
	岩石中	矿石中	合计		岩石中	矿石中	合计
采场天井	0.00	59.60	59.60	4.00	0.00	238.40	238.40
矿房联络道	0.00	40.00	40.00	4.00	0.00	160.00	160.00
电耙道及联络巷	51.20	0.00	51.20	3.24	173.66	0.00	173.66
斗穿	7.70	7.70	15.40	3.24	24.95	24.95	49.90
斗井及扩漏	0.00	10.50	10.50	9.40	0.00	98.70	98.70
溜井	1.50	0.00	1.50	2.25	3.38	0.00	3.38
切割平巷	0.00	44.00	44.00	6.66	0.00	239.04	293.04
总计	60.40	161.80	222.20	—	201.99	815.09	1017.08

3. 矿块回采

　　回采工作循环采用 2 班制。自拉底层向上分层回采，分层高 2m，矿房回采作业有：（1）凿岩。使用 YSP-45 及 YTP-26 型浅孔凿岩机打眼。钎子杆为组合式，开口钎子长度为 0.5m，钎头用 40mm 钻头，加深钎子杆分别为 1m、1.5m、2m、2.5m 四种。钎头用 38mm 及以下规格的钻头。炮孔孔网参数布置详见采矿方法图。每个台班钻凿 3~4 排，合计 15~20 个装药炮孔，每个循环有效炮孔共 30~40m。

孔间距设计为 0.8m，排间距 0.8m，孔深 2.2m。根据产量要求，每天爆破 2 班、每班爆破 11~12 个炮孔，单孔装药量 1.4kg。

炮孔方向：靠近上、下盘的两个炮孔，其角度必须与矿体倾角一致。一般留保护层 0.2~0.4m，试验后确定其大小，达到不破坏上下盘围岩，又能以最大限度地回采矿体为度。增加预裂炮孔的作用是放炮时不破坏或减少对围岩的破坏，增大开采人员的安全度。

间柱的凿岩工程，接近间柱 3~5m 时要改变孔网参数，排间距从 0.8m 下降到 0.5m。

（2）爆破：

1）爆破工艺：采用 2 号岩石硝铵炸药、非电导爆管起爆系统起爆。

起爆网络：应设置专线，开关箱要由专人管理。装药时，开关箱要加锁，并由专职爆破工管理和使用。

按规定加工制作起爆药包，无关人员要撤离。每个雷管与导爆管连接处要用防水胶布扎紧扎牢。起爆雷管与导爆管连接要紧密牢固，也要用防水胶布捆扎牢固，防止拉脱产生拒爆。

每个炮眼一律用正向起爆，起爆药包装在孔口的第一个位置，即先装无雷管的普通药包，装填到位时，再装起爆药包。

装药时，要用木制炮棍轻轻地将药包推入孔底，并轻轻地捣实。装起爆药包要用炮棍轻轻推入孔内，一手拉住脚线，另一手轻轻推入孔内，轻捣几下即可。装药深度宜大于等于孔深的五分之三。

填塞：药包装好后，要用炮泥认真加以填塞，这是提高爆破效果的重要环节之一，一定要按规范和设计要求精心做好。填塞长度不小于孔深的三分之一。

第一节炮泥要轻轻地捣实。注意，不要捣断脚线或导爆管。第二节以后的炮泥可以用力捣实，直到填满为止。

联线：各炮孔复查完毕，确认导爆管或雷管脚线没有折断，可以进入联线或加装导爆管的起爆雷管。当设备、人员全部撤离到安全地点后，最终连接电源或起爆器，由班长或工段长下达起爆命令，开始起爆。

块度大于 350mm 的矿岩，采用人工打眼法进行二次爆破。

2）装药数量计算与控制：每班爆破一次，每台班凿岩孔数 20 个，孔深 2.2m：

12（个孔）×2.2m/孔 = 26.4m（台班进尺）

26.4m×0.6 = 15.8m（总装药长度）

15.8÷0.2m/药卷×1.2（压实系数）×0.2kg/药卷 = 18.96kg

最大装药量，按照两个采场，每个采场开两台钻，则每班最大装药量为：

18.96×2 = 37.92kg

雷管量： 即发　1×2=2 发　　　　一段　3×4=12 发　　　　小计　14 发

3) 爆破有害因素计算：井下爆破条件下，只需要计算空气冲击波、爆破地震波、对基岩的破坏等三项内容。由井下开采的炮眼布置得知：

$Kk = 2.0$；$Kd = 4$；$Kj = 5$；$f(n) = 1$；$a = 0.8$；$W = 0.8$；$Q_{max} = 19\text{kg}$；$Q_总 = 38\text{kg}$

求：空气冲击波影响半径 $Rk = Kk \times Q_{max}^{1/2} = 8.8\text{m}$

爆破地震冲击影响半径：

$$Rd = Kd \times a \times Q_{max}^{1/3} = 4 \times 0.8 \times 19^{1/3} = 8.6\text{m}$$

基岩影响半径：$R = Kj \times W \times f(n)^{1/3} = 5 \times 0.8 \times 1^{1/3} = 4.0\text{m}$

计算结果表明：空气冲击波影响半径为8.8m，对相邻采场、井上和井下建筑物不会造成影响；地震冲击波影响半径为8.6m，也在本采场范围之内，不会影响其他采场和井上、井下建筑物；对基岩的影响半径为4.0m，也不会对采场上下盘围岩以及采空区产生破坏作用。加之爆破设计采用毫秒差雷管（一段和三段）分段爆破，每次爆破炸药数量仅为总装药量的1/2，各种危害因素影响半径还会减少。

结论：最大爆破炸药量确定为19kg左右是无问题的。

4) 爆破器材的使用和管理：爆破器材按爆破设计和施工组织申请领取、供应运输、装卸、使用、入库登记；企业内部的管理、采场的领用、短途运输、装药爆破、清理退库、消耗审批、登记手续必须清楚无误。

爆破器材保管员必须经过培训、考核合格后上岗。使用和管理必须符合国家爆破安全规程、矿山安全规程及企业的安全岗位责任制的各项要求。

（3）采场通风。新鲜风流由中段运输平巷、矿块一侧人行材料通风天井、矿房联络道到达回采工作面，洗刷工作面污风经矿块另一侧人行材料通风天井回到上阶段回风平巷再排出地表。采场通风主要利用矿井的主风压进行机械通风，在爆破后或需要加强通风时采用JK55-2NO4.0型局扇通风。

（4）出矿。矿石从底部漏斗、斗穿下放到电耙道中，采用电耙耙向端部放矿口，漏入下部中段穿脉巷道内矿车里。

每次爆破的矿石，只宜放出爆破矿石量的1/3，其余2/3留在采场中做工作平台。局部放矿后进行撬毛和平场工作，使矿房爆堆保持平整并和顶板保持在2.0~2.2m之间的高度，以便下次进行回采作业。

待整个采场采完后，最后放出采场中所有的矿石（称采场最终放矿）。采场在放矿过程中，人员不准进入采场作业，以保证放矿时采场中的安全。

（5）矿柱回采。为了保证矿房矿石放矿的质量，减少矿房矿石贫化率，矿房矿石的最终放矿应在顶柱和间柱的保护下放出。待采场矿石全部放出后，再组织矿柱回采。

因本矿采用穿脉和电耙巷道出矿，阶段矿柱的回收采用浅孔爆破回收，在电耙道内向阶段矿柱打浅孔爆破回收矿柱，采场间柱的回采可在矿房联络道中打上向炮孔爆破。

每次矿柱回采的数量，通常控制在1次回采2个矿房的矿柱。

使用YSP-45型浅孔凿岩机打眼。钎子杆为组合式，开口钎子长度为0.5m，钎头用40mm钻头，加深钎子杆分别为1m、1.5m、2m、2.5m四种。钎头用38mm及以下规格的钻头。设置2排炮孔，根据矿体厚度，每排一般设置3个炮孔，排间距0.7m，孔间距0.8m。

采用 2 号岩石硝铵炸药、非电导爆管起爆系统起爆。爆破工艺同上。

4. 地压管理

每次局部放矿后应检查采场顶板浮石，平整场地，做好准备后再开始下一个作业循环的凿岩爆破等。在采场上下盘围岩局部稳固性较差的地方采用管缝式（或 φ20 的螺纹钢）锚杆护顶，锚杆长 1.5~2m，间距 1.0m。矿体厚度小，也可留矿石（留贫矿）支护顶板围岩。在两矿体之间夹石层薄的采场，也可以留下贫矿或部分矿石支护。

每次崩矿后应检查采场顶板浮石，若采场上盘围岩有局部稳固性较差的地方，应采取加强支护措施或留临时矿柱。

矿块回采完后，应封闭通向采场的各种通道，确保通风线路通畅、阻力小。

为确保顶板围岩不被破坏，为安全生产创造必须的条件，必须认真做好以下几项工作：

（1）例行顶板安全检查：安全员、值班长和带班组长负责对工作面的顶板、边帮及点矿柱的安全状况进行例行安全检查。爆破后 30min 以上才能进入采场工作面。首要的工作是顶板的安全检查和排险工作，要认真敲帮问顶，清除浮石和险石。清除浮石要找好安全的站立点，从外向内前进式进行。

（2）对于顶板开裂，有一时难以清除的险石，要架设临时顶撑，并在顶板和底面上用 10cm 厚的木板垫好，加好木楔子夯紧，以确保顶撑支撑牢固。

（3）采场可以使用地应力测定仪或电铃和灯光联合报警的顶板地压测定仪，及时提供警戒信号。一旦发现有大面积冒顶征兆，所有人员必须全部撤离工作面。

（4）采场凿岩时，按设计的炮眼角度、间距、排距进行。同时顶板炮眼采用预裂爆破法爆破。顶底板炮眼方向一定要与底板围岩倾斜方向一致，并留有 0.2~0.4m 的保护层。尽量做到凿岩爆破不破坏顶底板围岩的稳固性。

（5）采场爆破参数采用分段毫秒微差爆破法。努力减少冲击波和地震波对顶底板围岩的破坏，一定要认真执行。

（6）在矿块内，按设计要留有规则的顶底柱及间柱，其尺寸、形状一定要按设计设置。点柱预留的凿岩孔要用水平孔扩帮的预裂爆破法，使矿柱个数、尺寸留足留够。

（7）间柱也应按设计给定的位置留好，打眼方法和爆破方法也采用预裂爆破法，按规范留存。

（8）必要时可以采用井字木垛法支撑。

（9）认真收集开采过程中的岩石力学的基础资料和数据，根据开采过程中矿区的地压活动规律，优化采场结构参数，逐步研究确定合理的顶板暴露面积，矿房、间柱及点柱的最佳尺寸。

（10）按设计提出的回采顺序和上下中段超前关系以及结构尺寸的布局办法，努力提高矿体的回采率，减少矿石的损失率。并确保回采过程中的安全生产，不断积累采场管理的经验。

5. 空区处理

矿山采用空场法开采，对于空场法采后所形成的空区，必须及时进行处理。设计认为对于这种急倾斜矿体采后所形成的空区应采用封、崩、空相结合的方法来处理采空区。

（1）对于该采矿方法回采所形成的空区，其通道必须及时地按规定要求进行封闭，防止空区大面积冒落时形成空气冲击波给井下工作人员和生产设施造成很大的危害。

（2）对采后所形成的采空区采取部分强制崩落顶板，充填部分空区，使空区形成一定厚度的垫层。此种方法可以减轻顶板压力，形成一定的平衡拱，减少大面积冒落所形成的冲击波。其具体方法可隔一两个矿块，强制崩落一个矿块的顶板，形成一定厚度的充填层，在条件允许的情况下也可用坑内产出的废石充填采空区。

（3）采空区空场法就是说有一部分已采空的矿块，其中段间柱都予以保留，采场内不做任何处理，只是封闭通向该采空区的所有通道，以防止人员误入产生危险。

（4）生产期间地表会出现移动现象，需要架设环形警示围栏或铁丝网，以防止人员进入地表移动区。

6. 采矿方法主要技术经济指标

采矿方法主要技术经济指标见表2，主要设备见表3。

表2　采矿方法主要技术经济指标表

序号	指标名称	单位	浅孔留矿法	公式
1	采场走向长	m	50	（1）
2	中段高	m	54	（2）
3	矿体平均厚度	m	3.33	（3）
4	矿体体重	t/m³	2.82	（4）
5	矿块矿石总量	t	25354.62	（5）=（1）×（2）×（3）×（4）
6	附产矿量	t	2298.55	（6）=采切工程所占矿量
7	副产比	%	9.68	（7）=（6）/（11）
8	废石量比	%	7.34	（8）=［采切废石+（11）×（13）］/［采切废石+（13）］
9	矿房采出矿石量	t	18997.59	（9）=矿房地质矿量×采矿回收率/（1-采矿贫化率）
10	矿柱回收矿石量	t	2448.65	（10）=矿柱地质矿量×矿柱回收率（50%~70%）
11	矿块采出总矿量	t	23744.79	（11）=（6）+（9）+（10）
12	综合回收率	%	87.66	（12）=［矿房地质矿量×采矿回收率+（6）+（10）］×100/（5）
13	综合贫化率	%	6.40	（13）=（9）×采矿贫化率×100/（11）

续表2

序号	指标名称	单位	浅孔留矿法	公式
14	千吨采切比	m/kt	9.36	（14）= 采切工程总长×1000/（9）
15		m³/kt	42.83	（15）= 采切工程总体积×1000/（9）
16	矿块生产能力	t/d	100	
17	炸药单耗	kg/t	0.42	
18	非电导爆管	个/t	0.96	
19	非电雷管	个/t	1.23	
20	钎钢	kg/t	0.03	
21	钻头	个/t	0.04	
22	坑木	m³/t	0.001	
23	机油	kg/t	0.01	
24	锚杆	kg/t	0.2	
25	电	kW·h/t	2.2	
26	水	m³/t	0.6	
27	人工	工·班/t	0.125	

注：表中综合损失率考虑了在采场回采结束时，在保证安全的条件下回采部分间柱和顶柱的矿石，实现采场的矿石损失率控制在8%左右。

表3 单个采场主要采掘设备表

序号	设备名称	规格及型号	单位	数量
1	浅孔凿岩机	YTP-26	台	2
2	浅孔凿岩机	YSP-45	台	2
3	电耙绞车	2DPJ-30	台	1
4	局扇	JK55-2N04.0	台	2

 习 题

1. 采矿方法选择的基本要求有哪些？
2. 选择采矿方法时要考虑的主要因素有哪些？
3. 采矿方案比较时，重点比较哪些技术项目、哪些经济项目？
4. 简要说说采矿方法设计的要点和步骤。
5. 以浅孔留矿法为例，说说其采矿方法图纸的绘制方法和步骤。
6. 采矿方法选择与设计，任务书见表2-5。

表 2-5　采矿方法选择与设计任务书

任务名称	采矿方法选择与设计
任务描述	根据矿山原始资料，对其Ⅱ号矿体采矿方法进行选择，并对选择的采矿方法进行工艺设计、绘制采矿方法图并编写采矿方法设计说明书
最终成果	采矿方案比较表； 采矿方法设计图； 采矿方法设计说明书
设计要求	每人独立完成； 完成任务总学时：8 学时

2.2　开拓系统设计

2.2.1　开拓系统设计相关规定

2.2.1.1　一般规定

（1）开拓系统选择应通过方案技术经济比较后确定；

（2）选择的开拓系统应能适应矿区生产能力及中长远生产要求，满足通风要求，能保证运输工作经济且高效，矿井具备两个及以上安全出口；

（3）开拓系统受地质灾害影响较小，系统运行稳定可靠；

（4）开拓系统基建时间较短、投资最省、投产快，生产经营费最小；

（5）不留或少留保安矿柱；

（6）不占或少占农田；

（7）井巷施工条件完备，施工设备、材料等供应方便；

（8）开拓系统设计包括开拓系统图及设计说明书，内容应完善，深度达到不同设计阶段的要求。

2.2.1.2　开采岩移范围和地面建、构筑物保护相关规定

（1）岩石移动角的确定，应符合下列规定：

1）大型矿山岩石移动角，宜采用数值分析法和类比法综合研究确定；

2）中小型矿山岩石移动角，可在分析岩性构造特征的基础上，根据类似矿山的实际资料类比选取；

3）改建、扩建矿山，应根据已获得的岩移观测资料和矿床地质条件有无变化等情况，对原设计岩石移动角进行修正。

（2）岩石移动范围的圈定，应符合下列规定：

1）岩石移动范围应以开采矿体最深部位圈定，对深部尚未探清的矿体应从能作为远景开采的部位圈定；

2）开采深度大、服务年限长，采用分期开采的矿山，可分期圈定岩石移动范围；

3）矿体邻近岩层中有与移动角同向的小倾角弱面，且其影响范围超越按完整岩层划定的范围时，应以该弱面的影响范围修正；

4）圈定的岩石移动范围和留设的保安矿柱，应分别标在总平面图、开拓系统平面图、剖面图和阶段平面图上。

（3）地表主要建、构筑物应布置在岩石移动范围保护带外，因特殊原因需布置在岩石移动范围保护带内时，应留设保安矿柱。

（4）地表建、构筑物的保护等级和保护带宽度，应符合下列规定：

1）地表建、构筑物的保护等级划分应符合表2-6的规定；

2）地表建、构筑物的保护带宽度不应小于表2-7的规定。

表2-6 地表建、构筑物的保护等级划分

保护等级	主要建筑物和构筑物
I	国务院明令保护的文物、纪念性建筑；一等火车站，发电厂主厂房，在同一跨度内有2台重型桥式吊车的大型厂房、平炉、水泥厂回转窑、大型选矿厂主厂房等特别重要或特别敏感的、采动后可能导致发生重大生产、伤亡事故的建、构筑物；铸铁瓦斯管道干线，高速公路，机场跑道，高层住宅，竖（斜）井、主平硐，提升机房，主通风机房，空气压缩机房等
II	高炉、焦化炉，220kV及以上超高压输电线路杆塔，矿区总变电所，立交桥，高频通讯干线电缆；钢筋混凝土框架结构的工业厂房，设有桥式起重机的工业厂房、铁路矿仓、总机修厂等较重要的大型工业建筑物和构筑物；办公楼、医院、剧院、学校、百货大楼、二等火车站、长度大于20m的二层楼房和三层以上住宅楼；输水管干线和铸铁瓦斯管道支线；架空索道、电视塔及其转播塔、一级公路等
III	无吊车设备的砖木结构工业厂房，三、四等火车站，砖木、砖混结构平房或变形缝区段小于20m的两层楼房，村庄砖瓦民房；高压输电线路杆塔、钢瓦斯管道等
IV	农村木结构承重房屋、简易仓库等

表2-7 地表建、构筑物的保护带宽度

保护等级	保护带宽度/m
I	20
II	15
III	10
IV	5

注：从建筑物、构筑物外缘算起。

（5）"三下"采矿设计应符合下列规定：

1）建、构筑物下采矿，建、构筑物位移与变形的允许值，应符合表2-8的规定；不符合表2-8的规定时，应采取有效的安全措施；

表2-8 建、构筑物位移与变形的允许值

建、构筑物保护等级	倾斜 i /mm·m^{-1}	曲率 k/m^{-1}	水平变形 ε /mm·m^{-1}
I	±3	±0.2×10^{-3}	±2
II	±6	±0.4×10^{-3}	±4
III	±10	±0.6×10^{-3}	±6
IV	±10	±0.6×10^{-3}	±6

2）水体下采矿，宜采取充填采矿或留设防水矿岩柱等安全措施，并应进行试采；开

采形成的导水裂隙带不应连通上部水体或破坏水体隔水层。

2.2.1.3　矿床开拓系统设计要求

（1）开拓井巷位置及井口工业场地布置，应符合下列规定：

1）竖井、斜井、平硐位置，宜选择在资源储量较集中、矿岩运输功小、岩层稳固的地段，宜避开含水层、断层、岩溶发育地层或流砂层，并应布置工程地质检查孔，斜井和平硐的工地质检查孔应沿纵向布置；

2）竖井、斜井、平硐、斜坡道等井口的标高，应高于当地历史最高洪水位 1m 以上；

3）每个矿井应至少有两个独立的直达地面的安全出口，安全出口的间距不应小于 30m；大型矿井，矿床地质条件复杂，且走向长度一翼超过 1000m 时，应在矿体端部增设安全出口；

4）进风井宜位于当地常年主导风向的上风侧，进入矿井的空气，不应受到有害物质的污染；回风井宜设在当地常年主导风向的下风侧，排出的污风不应对矿区环境造成危害；放射性矿山出风井与入风井的间距应大于 300m；

5）井口工业场地应具有稳定的工程地质条件，应避开法定保护的文物古迹、风景区、内涝低洼区和采空区，且不应受地面滚石、滑坡、山洪暴发和雪崩的危害，井口工业场地标高应高于当地历史最高洪水位；

6）井口工业场地布置应合理紧凑、节约用地、不占或少占农田和耕地，对有可能扩大生产规模的企业应适当留有发展余地；

7）位于地震烈度 6 度及以上地区的矿山，主要井筒的地表出口及工业场地内主要建、构筑物，应进行抗震设计。

（2）平硐开拓应符合下列规定：

1）当矿体或相当一部分矿体赋存在当地侵蚀基准面以上时，宜采用平硐开拓；

2）采用平硐集中运输时，宜采用溜井下放矿石；当生产规模小、溜井设施等工程量大、矿石有黏结性或岩层不适宜设置溜井时，可采用竖井、斜井下放或无轨自行设备直接运出地表；

3）当双轨运输主平硐较长，岩层不稳固，且无其他条件制约时，宜采用单轨双平硐开拓；

4）确定主平硐断面时，应满足通过坑内设备材料最大件及有关安全间隙的要求。

（3）斜井开拓应符合下列规定：

1）埋藏深度小于 300m 的缓倾斜或倾斜中厚以上矿体，宜采用下盘斜井开拓；矿体走向较长，埋藏深度小于 200m 的急倾斜矿体，可采用侧翼斜井开拓；形态规整、倾角变化较小的缓倾斜薄矿体，宜采用脉内斜井开拓；

2）下盘斜井井筒顶板与矿体的垂距应大于 15m；脉内斜井井筒两侧保安矿柱的宽度不应小于 8m；

3）串车斜井不宜中途变坡和采用双向甩车道，当需要设置双向甩车道时，甩车道岔口间距应大于 8m；

4）斜井下部车场应设置躲避硐室；

5）行人的运输斜井应设人行道。人行道有效宽度不应小于 1m，有效净高不应小于

1.9m；斜井坡度为 10°~15°时应设人行踏步；15°~35°时应设踏步及扶手；大于 35°时应设梯子；有轨运输的斜井，车道与人行道之间应设隔离设施；

6）斜井有轨运输设备之间，以及运输设备与支护之间的间隙，不应小于 0.3m；带式输送机与其他设备突出部分之间的间隙，不应小于 0.4m。

（4）斜坡道开拓应符合下列规定：

1）开拓深度小于 300m 的中小型矿山，可采用斜坡道开拓，且斜坡道应位于岩石移动范围外；条件许可时，宜采用折返式布置；

2）斜坡道的坡度，用于运输矿石时不宜大于 12%，用于运输设备材料时不宜大于 15%；弯道坡度应适当降低；

3）斜坡道长度每隔 300~400m，应设坡度不大于 3%、长度不小于 20m 并能满足错车要求的缓坡段；

4）大型无轨设备通行的斜坡道干线转弯半径不宜小于 20m，阶段斜坡道转弯半径不宜小于 15m；中小型无轨设备通行的斜坡道转弯半径不宜小于 10m；曲线段外侧应抬高，变坡点连接曲线可采用平滑竖曲线；

5）斜坡道，应设人行道或躲避硐室；人行道宽度不得小于 1.2m，人行道的有效净高不应小于 1.9m；躲避硐室的间距，在曲线段不应超过 15m，在直线段不应超过 30m。躲避硐室的高度不应小于 1.9m，深度和宽度均不应小于 1m；

6）无轨运输设备之间，以及无轨运输设备与支护之间的间隙，不应小于 0.6m；

7）斜坡道路面宜采用混凝土、沥青或级配合理的碎石路面。

（5）竖井开拓应符合下列规定：

1）矿体赋存在当地侵蚀基准面以下，井深大于 300m 的急倾斜矿体或倾角小于 20°的缓倾斜矿体，宜采用竖井开拓；

2）当主井为箕斗井，并与选厂邻近时，应将箕斗卸载设施与选厂原矿仓相连；

3）井深大于 600m、服务年限长的大型矿山，主提升竖井可分期开凿，一次开凿深度的服务年限宜大于 12a；

4）装有两部在动力上互不依赖的罐笼设备且提升机均为双回路供电的竖井，可作为安全出口，可不设梯子间；其他竖井作为安全出口时，应设装备完好的梯子间。

（6）矿床开拓方案的选择应符合下列规定：

1）开拓方案应根据矿床赋存特点、工程地质及水文地质、矿床勘探程度、矿石储量等，结合地表地形条件、场区内外部运输系统、工业场区布置、生产建设规模等因素，对技术上可行的开拓方案进行一般性分析，并应遴选出 2~3 个方案进行详细的技术经济比较后确定；

2）矿体埋藏深或矿区面积大，服务年限长的大型矿山，可采用分期开拓或分区开拓；

3）根据矿床赋存条件、地形特征、勘探程度等因素，结合采矿工业场地的布置要求，采用单一开拓方式在技术、经济上不合理时，可采用联合开拓方式。

（7）阶段高度应根据矿体赋存条件、矿体厚度、矿岩稳固程度、采掘运设备、生产规模、采矿方法等因素，经综合分析比较确定，也可按下列规定选取：

1）缓倾斜矿体，阶段高度可取 20~35m；

2）急倾斜矿体，阶段高度可取 40~60m；

3) 开采技术条件好、采掘运装备水平高，采用无底柱崩落法、大直径深孔采矿法和分层充填法的矿山，阶段高度可取 80~150m。

（8）水平运输巷道设计应符合下列规定：

1) 运输巷道宜布置在稳固的岩层中，宜避开应力集中区和含水层、断层或受断层破坏的岩层、岩溶发育的地层和流砂层中；

2) 运输巷道宜布置在矿体下盘，当下盘工程地质条件差或其他原因不能布置在下盘时，可布置在上盘；

3) 运输巷道应设人行道；人行道有效净高不应小于 1.9m，人力运输巷道的人行道有效宽度不应小于 0.7m；机车运输巷道的人行道有效宽度不应小于 0.8m；调车场及人员乘车场，两侧人行道的有效宽度均不应小于 1m；井底车场矿车摘挂钩处，应设两条人行道，每条净宽不应小于 1m；带式输送机运输巷道的人行道有效宽度不应小于 1m；无轨运输巷道的人行道有效宽度不应小于 1.2m；

4) 有轨运输巷道运输设备之间，以及运输设备与支护之间的间隙，不应小于 0.3m；带式输送机与其他设备突出部分之间的间隙，不应小于 0.4m；无轨运输巷道运输设备之间，以及无轨运输设备与支护之间的间隙，不应小于 0.6m；

5) 有自燃发火可能性的矿井，主要运输巷道应布置在岩层或者不易自燃发火的矿层内，并应采取预防性灌浆或其他有效的预防自燃发火的措施。

（9）主溜井设计应符合下列规定：

1) 主溜井通过的岩层工程地质、水文地质条件复杂或年通过量 1000kt 以上的矿山，主溜井数量不宜少于两条；

2) 主溜井宜采用垂直式，单段垂高不宜大于 200m，分支斜溜道的倾角应大于 60°；溜井直径不应小于矿石最大块度的 5 倍，但不得小于 3m；

3) 主溜井装矿硐室应设置专用安全通道；

4) 主溜井应设置专用的通风防尘设施，其污风应引入回风道；

5) 含泥量多、黏结性大或含硫高易氧化自燃的矿石，不宜采用主溜井。

2.2.1.4　系统安全要求

（1）每个矿井至少应有两个独立的直达地面的安全出口，安全出口的间距应不小于 30m。大型矿井，矿床地质条件复杂，走向长度一翼超过 1000m 的，应在矿体端部的下盘增设安全出口。

（2）每个生产水平（中段），均应至少有两个便于行人的安全出口，并应同通往地面的安全出口相通。

（3）井巷的分道口应有路标，注明其所在地点及通往地面出口的方向。所有井下作业人员，均应熟悉安全出口。

2.2.2　开拓系统设计基础知识

2.2.2.1　开拓方案比选

A　开拓方案初选

开拓方案初选应在充分研究矿山地形、地质和开采技术条件等原始资料的基础上，分析影响开拓方案的各种因素，列举出技术上可行且经济上无明显缺陷的方案来参与比较。选定各方案开拓巷道的形式、位置、数量、规格、阶段高度、井底车场、提升、运输、通风、排水等系统，然后计算各方案工程量。

根据地形、地质平面图，地质勘探线剖面图等原始资料，绘制各方案开拓系统纵横剖面图、阶段开拓巷道平面图、地表总平面布置图和开采移动带。若留设保安矿柱，则应有保安矿柱设计图。图纸比例可根据矿区范围和设计要求而定，一般为 1∶500、1∶1000、1∶2000。

B 开拓方案综合技术经济比较

初步方案比较后，若有 2~3 个方案，各有优劣，进一步判别，应进行技术经济比较。综合技术经济比较，主要是各方案的基建投资和经营费的比较。

基建投资一般包括：井巷掘进费、井底车场和硐室掘进费、地面工业广场平整费、机械设备购置和安装费，其他费用如土地征购、房屋拆迁、青苗赔偿等。若留有保安矿柱方案应计算其经济损失。

经营费一般包括：地下、地面运输费，提升，通风，年修理费等。

经济比较时，对开拓方案费用相同的项目和费用差别不大或费用很小的项目，可不参与比较。

若参与比较的方案对保安矿柱的留设、基建时间等存在差异，还必须进行这些方面的综合比较。保安矿柱方面主要比较留设量的多少、经济价值损失值。

2.2.2.2 经济效果的综合分析

在进行开拓方案比较时，首先比较各方案的基建投资和年经营费。

比较时，常出现下列情况：

（1）方案一的基建投资减去附产矿石后，与经营费的总和都小于其他几个方案。在生产规模相同的条件下，方案一经济上最为优越。

（2）如果基建投资与年经营，并计入附产矿石后的各方案都相差无几（小于 10%~15%），则认为两方案在经济上是等值。在这种条件下，应进一步分析对开拓方案的选择有较大影响的其他指标进行决策。如：基建时间、资源利用、占用农田面积、环保条件，等等。

（3）若两方案的基建总投资 $k_2 > k_1$；

两方案年经营费 $C_2 > C_1$。

其方案比较方法为：

1）可采用年成本指标法来比较两方案，可取年成本小方案，当比较结果差值不大于 10%~15% 仍视为等值；

2）采用超额投资回收期的公式：

$$T_s = \frac{k_1 - k_2}{c_2 - c_1} < N_{af}$$

式中 N_{af} ——标准追加工期回收期。

当 $T_s < N_{af}$ 时，方案 1 可取；$T_s > N_{af}$ 时，方案 2 可取。

3）现值法比较

基建投资发生在初期，并在建设期间是有计划逐年投资的，若是货款，则应按期偿还利息。年经营费是生产期间逐年发生的，可运用时间价值的方程，将各方案所有发生的资金支出折算成现值。因此折现值属同一时间价值，具有可比性，可依此分析评价项目的优劣。

2.2.2.3　开拓系统设计要点及步骤

A　中段划分

研究地质报告及矿体纵投影图等资料，分析开采对象的赋存标高范围，结合采矿方法对开采中段高度的要求，规划出需要设置的中段及各中段高度。

B　岩石移动范围圈定

根据矿岩物理力学性质，结合类似矿山情况并参照表 2-9 分别选定矿床上盘、下盘及端部的岩石移动角，对需要保护的设施按规定留设保安矿柱并在矿体纵投影图中将其圈定出来。按选定的岩石移动角分别在地质横剖面图、纵剖面图中绘制岩石移动线，并根据纵、横剖面图圈定的结果，在各中段平面图中圈定出该中段平面上的岩石移动范围线。

表 2-9　各种岩石的移动角参考值

岩石类型	垂直矿体走向的岩石移动角/(°)		矿体走向端部的岩石移动角/(°)
	上盘	下盘	
第四系表土	45	45	45
含水中等稳固片岩	45	55	65
稳固片岩	55	60	70
中等稳固致密岩石	60	65	75
稳固致密岩石	65	70	75

具体圈定岩石移动范围的方法，是在一些垂直矿体走向的地质横剖面和沿矿体走向的地质纵剖面上，从最低一个开采水平的采空区底板起，按照选定的各种岩石移动角，划出矿体上盘、下盘及矿体走向两端的岩石移动界线。如遇上部岩层（表土）发生变化，则按变化后岩层（表土）的岩石移动角继续向上划作，一直划到地表为止。这样划作后，将在每个剖面上得到岩石移动线与各中段标高线的两个交点，然后将每个剖面图上的这些交点按照投影关系分别投影到各中段平面图上的各自对应剖面线上，得到中段平面图上岩石移动范围控制点，再将这些控制点用光滑的曲线依次连接形成闭合的曲线，此闭合曲线便是所圈定的中段内岩石移动范围。

需要注意的是，移动范围原则上应从开采储量的最深部划起。当矿体形态比较复杂或矿体倾角小于岩石移动角时，应从矿体的最突出部位划起。对没有勘探清楚的矿体或矿体埋藏很深并计划做分期开采时，则按其可能延深的部位（深度）或分期开采的深度起圈划岩石移动范围。

C　中段平面设计

在各中段平面图中，根据矿体分布情况以及岩石移动范围线设计并绘制中段运输巷道。中段运输巷道一般沿矿体下盘布置且应布置于岩石移动范围以外，特殊情况下可布置在矿体内或矿体上盘。当运输量大时，可布置成环形，或者分别沿各矿体下盘布置多条沿脉运输巷道。运输量小时可集中布置于最下一层矿体的下盘。

D 全系统设计

根据中段划分结果，在充分研究矿区工程地质、环境地质及地形条件的基础上，按选定的开拓方案，设计主要井筒以及与各中段的连接工程。

E 主要开拓井巷断面设计

根据通风、行人、运输等各方面要求，对主要井筒、中段运输巷道、回风巷等开拓工程断面形状及断面结构尺寸等进行设计计算。

F 绘制开拓系统图

绘制开拓系统纵、横剖面图、各中段开拓平面图、开拓系统复合平面图、开拓系统井上井下对照图、主要开拓工程断面设计图。绘图时注意以下几点：

（1）应先在矿体纵投影图、中段平面图以及地质横剖面图上来布置开拓工程，最后绘制开拓系统复合图以及开拓系统井上井下对照图；

（2）图纸尺寸应为标准图幅尺寸，如 A3、A2 等；

（3）图纸应有图名、图签、图框；

（4）各类图纸中反应的重点要突出，设计的巷道位置要正确，各图之间不相互矛盾；

（5）图中应有必要的尺寸标注、文字说明及开拓工程量汇总表。

G 统计开拓工程量

根据各开拓工程断面设计结果，并在开拓系统图中测量各工程长度，计算各开拓工程程的工程量，填写开拓工程量汇总表，详见 2.2.3 节实例。

H 编写开拓系统设计说明书

整理开拓系统比选资料以及开拓工程设计图纸、相关计算及表格资料等，汇编成开拓系统设计说明书。

说明书文字应内容全面、工艺描述清楚、各种计算正确无误。主要编写内容包括：开拓系统的选择、中段划分、岩石移动范围圈定、开拓系统的设计、开拓工程量等内容，详见 2.2.3 节实例。

2.2.3 开拓系统设计实例

本节以马鹿塘铅锌矿为例，讲述开拓系统选择、设计的基本方法及过程。

2.2.3.1 开拓方案选择

A 基础资料分析

a 原始资料分析

根据马鹿塘铅锌矿原始资料，矿体较薄，浅部已使用露天开采采空，矿区地形坡度中等，设计开采矿体最低赋存标高约 1330m，而矿区内地形最低约为 1375m。

b 原有开拓系统分析

目前揭露矿体的巷道除原有老硐外，近年掘进的巷道有 1 号平硐，硐口标高约 1381m，位于矿体北部山箐沟东南侧，自北向南掘进并穿近两矿体，巷道宽度及高度均符合未来运输要求，可作为未来 1380m 中段平硐使用。

　　c　采矿方法要求

　　据第 1 章，马鹿塘铅锌矿设计采用浅孔留矿法采矿，中段高度不超过 60m。

　　B　中段划分与设置

　　根据矿体纵投影图，矿体主要赋存在 1330~1490m 标高范围内，根据浅孔留矿法经济合理中段高度在 40~60m，设计矿体分为 3 个中段进行开采，中段标高为 1430m、1380m 及 1330m，上部设置一条回风巷，标高定在 1484m，使其与现露天采空区底板（1490m）保持 4m 高的安全距离。

　　C　开拓方案初选与比较

　　经分析，矿体 1380m 及以上各中段有平硐开拓条件，1380m 以下无平硐开拓条件，可采用平硐、竖井或斜坡道等方式进行开拓。由于 1380m 以下资源较少，采用竖井明显不合理，斜坡道主要适合于产量较大的矿山，因此 1330m 中段最适宜选择斜井开拓，设计提出两套斜井开拓方案，即上盘盲斜井及下盘明斜井开拓，两方案技术经济比较见表 2-10。

表 2-10　1330m 中段开拓系统比较表

开拓方案	方案简介	优点	缺点	可行性
上盘盲斜井开拓	从现 1380m 中段平硐向下掘盲斜井，盲斜井位于 V_1 矿体上盘岩石移动线外	工程量省，斜井短，仅 120m，地表运输距离短，基建工程量省、投资少、投产快	不便于向下延深	技术上、经济上可行
下盘明斜井开拓	从 V_2 矿体下盘东部掘进伪倾斜下盘明斜井	斜井直接通地表，位于矿体下盘，便于向下延深	基建工程量大，斜井长 300m，地表运输距离远，基建时间长、投产晚	方案技术上可行，不经济

　　第一方案与第二方案比较，地面运输工作量较少，基建工程量省，提升运输费用低，综合比较后认为方案一较优，最终确定第一方案。

　　因此，1330m 中段设计采用盲斜井开拓。值得注意的是，盲斜井位于 V_1 矿体的上盘，目前设计在其岩石移动范围以外 15m 以上，若矿体深部继续向下延深，未来开采 1330m 以下矿体时，则斜井可能穿过矿体，必须在斜井两侧留设保安矿柱对斜井进行保护。

　　综上所述：矿山开拓方式为平硐+盲斜井开拓。

2.2.3.2　地表崩落范围的圈定

　　矿体属急倾斜极薄矿体，根据对矿体围岩的野外观察和岩矿鉴定及化学分析果表明，区内矿体围岩岩性单一。V_1 矿体顶、底板均为白云石英片岩；V_2 矿体底板为大理岩，大理岩化灰岩，顶板为白云石英片。岩石组分也较简单，除含少量泥质，黄铁矿等混杂物外，主要由石英、长石、方解石及白云母组成。岩石裂隙发育，矿化与白云石英片岩密切相关，围岩与矿体界线较清楚。矿体顶板岩石为灰绿、黑褐、深灰色叶片状、薄层状、条带状粉砂岩、砂质页岩、泥灰岩、钙质及沥青质页岩互层，岩石极致密、可塑性大、裂隙很少、小褶皱发育，为良好隔水层。

　　根据矿岩稳固性，岩体移动角类比相似矿山并结合表 2-9，综合考虑矿体厚度、埋藏深度等因此，设计本矿矿体上、下盘岩体移动角均取 65°，矿体端部岩石移动角为 70°，按此参数来圈定岩石移动范围，并确定地表移动范围。

2.2.3.3　各中段平面设计

1484m 回风平巷布置于 V_2 矿体下盘移动范围以外 3m 以上。1430m 及以下各中段沿脉运输巷道布置在全面岩石移动线外 3m，由于中段运输距离超过 300m，间隔 150~200m 布置一个错车道，错车道长 12m。由于 1380m 中段利用原有 1 号探矿平硐改造成运输平硐，新设计沿脉运输巷道与 1 号平硐贯通。各运输巷道转弯处线路中心转弯半径不小于 5m（按人推矿车考虑）。

2.2.3.4　开拓系统设计

1484m 中段采用平硐开拓，专用于回风，服务于整个生产期，因矿体倾角较陡，为保证巷道安全，回风平巷设置于 V_2 矿体下盘移动范围以外 3m，平硐口位于 V_2 矿体东端下盘。

1430m 中段采用平硐开拓，平硐口位于 V_1 矿体北西，向南掘进从 V_1 矿体西端穿过掘至 V_2 矿体下盘，再沿 V_2 矿体下盘向东掘进沿脉巷道，至矿体东端后，掘天井与 1484m 回风平巷贯通。

1380m 中段采用平硐开拓，运输平硐利用原有 1 号探矿平硐改造而成，硐口位于 V_1 矿体北部上盘，向南掘进穿过 V_1 矿体至 V_2 矿体下盘，再沿 V_2 矿体下盘向东及西掘进沿脉巷道，至矿体端部后，掘天井与上中段平巷贯通。1380m 中段在矿体上盘岩石移动线以外 20m 以上设置盲斜井提升硐室及相关的上部平车场（长 15m）、运输绕道、硐室联络巷等工作。

1330m 中段采用盲斜井开拓，斜井上部位于 1380 中段，标高 1382m，井底标高 1330m，垂高 52m，倾角 25°，斜长 120m，服务于 1330 中段开采。井上井下均采用平车场连接。斜井及甩车道每隔 30~50m 设置躲避硐室，作为人员躲避用，避硐室的规格为：宽 1.2m，高 1.9m，深 1.0m。盲斜井上部井口标高 1382m，斜井下部井底标高 1330m，斜井倾角 25°，斜井长度 120m，斜井卷扬机房设置在标高 1382m，提升垂高 52m（1382~1330m）。

2.2.3.5　开拓巷道断面设计

A　中段运输巷道断面设计

a　断面形状

1430m、1380m 及 1330m 中段开拓井巷穿过岩层为大理岩、大理岩化灰岩组成，岩石粒状结构，块状构造，属半坚硬—坚硬层状岩岩组，岩体片（层）理和节理裂隙较发育，岩石抗压强度较高，总体稳定性较好，岩溶、裂隙发育程度一般，有临空条件时易发生崩塌，对采矿活动影响中等。设计采用三心拱巷道断面，拱跨比取 1/3。

b　断面尺寸

1430m、1380m 及 1330m 中段采用有轨矿车运输，按 6 万 t/a 中段生产能力选择矿车型号，定为 YFC0.7-6 型翻斗式矿车。中段运输距离短、运输量小，中段内设计采用人推矿车运输，因此查出运输设备（矿车）宽度为 980mm，高为 1050mm。

人行道宽度不小于 750mm，非行人侧及错车安全间隙取 300mm，经计算各中段单轨平巷净宽为 2100mm，错车道处 3400mm。巷道为三心拱断面，从巷道底板算起净墙高为 1800mm，单轨拱高 700mm，巷道全高为 2500mm，巷道净断面积 4.94m²；双轨拱高

1133mm，巷道全高为2933mm，巷道净断面积9.16m²。巷道最小转弯半径为5.0m。巷道转弯处，外侧加宽200mm，内侧加宽100mm。巷道内布置压风管线、供水管线、供电电缆、通讯系统。巷道尺寸设计详见2.2.3.7节巷道断面设计图。

B　提升斜井

斜井断面形状也选择直墙三心拱，拱跨比取1/3。

经计算，斜井净宽2.6m，净高为2.67m，巷道净断面积6.45m²。斜井及上下部车场每隔30~50m设置躲避硐室，作为人员躲避用，避硐室的规格为：宽1.2m，高1.9m，深1.0m。

斜井上、下部平车场断面仍按斜井规格设计，即净宽2.6m，净高为2.67m，巷道净断面积6.45m²，区别是两侧均设人行道，线路位于车场中心。

C　回风平巷与端部天井

1484m回风巷道设计为矩形巷道，宽1.8m，高1.8m。

各中段端部联络天井设计为矩形巷道，长1.8m，宽1.8m。

D　巷道支护

各运输平硐、平巷因围岩较稳固，一般不需要支护，局部稳固性稍差时采用锚杆支护、穿过断层、破碎带等不稳固地段采用混凝土支护或喷射混凝土支护，各坑口均采用混凝土支护，混凝土支护厚度暂设计为200mm，喷射混凝土支护厚度暂设计为70mm，平巷纵坡度为3‰。提升斜井全段采用混凝土支护，厚度暂设计为200mm。

斜井采用整体混凝土支护，支护厚度200mm。

1484m回风巷道不支护，局部采有锚杆护顶或木点柱支护。

E　道床参数

根据本矿通过的运输设备，选15kg/m钢轨，采用钢筋混凝土轨枕。轨面水平至底板水平之间距离h_6=320mm，底板水平至道碴水平之间距离h_5=200mm，所以道碴水平至轨面水平之间距离$h_4=h_6-h_5=320-200=120$mm。

F　水沟参数

水沟坡度与巷道坡度相同，取3‰，选用Ⅲ型水沟。根据排水量150m³/d，水沟断面参数为：上宽330mm，下宽280mm，深度250mm，净断面0.08m²，掘进断面0.18m²，每米水沟混凝土用量为0.13m³。水沟一侧的墙基础深度取500mm，另一侧基础深250mm。

G　管缆布置

压风管和供水管布置在人行道一侧上方，采用管子托架架设。托架上部敷设压风管，托架下部悬挂供水管。两条动力电缆设于非人行道一侧，三条通风、照明电缆设于人行道一侧。电缆采用挂钩悬挂在支护侧墙上。

各巷道特征详见表2-11、表2-12及表2-13。

表2-11　中段运输巷道每米工程量及材料消耗表

断面积/m²		断面尺寸/mm				支护厚度/mm		每米巷道掘进工程量/m³	每米巷道混凝土消耗量/m³
净	掘	净宽	净高	掘宽	掘高	墙	拱		
4.94	6.28	2100	2500	2500	2700	200	200	6.28	1.34
9.16	10.86	3400	2933	3800	3133	200	200	10.86	1.70

表 2-12　1484 回风巷道/端部天井每米工程量及材料消耗表

断面积/m²		断面尺寸/mm				支护厚度/mm		每米巷道掘进工程量/m³	每米巷道混凝土消耗量/m³
净	掘	净宽	净高	掘宽	掘高	墙	顶		
3.24	3.24	1800	1800	1800	1800	0	0	3.24	0

表 2-13　提升斜井及车场段每米工程量及材料消耗表

断面积/m²		断面尺寸/mm				支护厚度/mm		每米巷道掘进工程量/m³	每米巷道混凝土消耗量/m³
净	掘	净宽	净高	掘宽	掘高	墙	拱		
6.45	7.93	2600	2667	3000	2867	200	200	7.93	1.48

2.2.3.6　开拓工程量

各中段及全矿开拓工程量详见表 2-14。

表 2-14　开拓工程量汇总表

中段	巷道名称	支护形式	断面/m²		长度/m	掘进工程量/m³	材料消耗		
			净	掘进			混凝土/m³	木材/m³	钢材/kg
1484m	回风平硐、平巷	10%喷混凝土	3.24	3.24	480	1555.2	0	0	1200
	小计				480	1555.2	0	0	1200
1430m	运输平硐平巷	10%喷混凝土	4.94	6.28	725	3678.65	97.15	0	1812.5
	通风行人天井	不支	3.24	3.24	108	349.92	0	2.16	486
	小计				833	4028.57	97.15	2.16	2298.5
1380m	运输平硐平巷	10%喷混凝土	4.94	6.28	287	1456.238	38.458	0	717.5
	通风行人天井	不支	3.24	3.24	100	324	0	2	450
	小计				387	1780.238	38.458	2	1167.5
1330m	提升斜井及车场	混凝土支护	6.45	7.93	165	1308.45	244.2	0	1320
	提升硐室	混凝土支护	12	15.84	6	95.04	23.04	0	960
	运输平巷及绕道	10%喷混凝土	4.94	6.28	530	2689.22	71.02	0	1325
	通风行人天井	不支	3.24	3.24	100	324	0	2	450
	井底水仓水泵房	不支			150	760	42		1200
	小计				951	5176.71	380.26	2	5255
合计					2651	12540.718	515.868	6.16	9921

2.2.3.7　开拓系统设计图纸

开拓系统设计图纸见图 2-14~图 2-25。

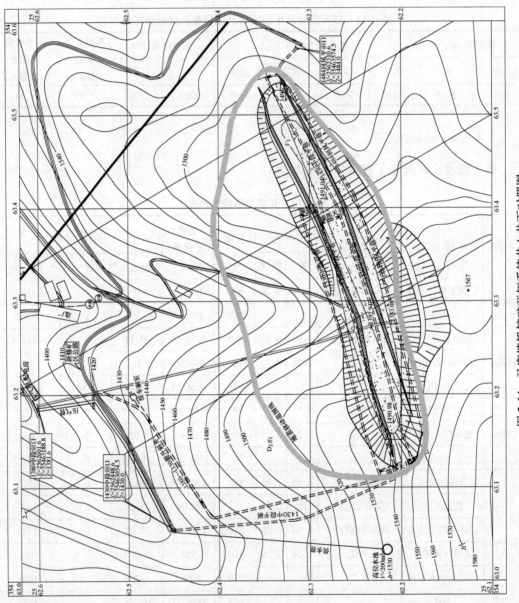

图 2-14　马鹿塘铅锌矿开拓系统井上井下对照图

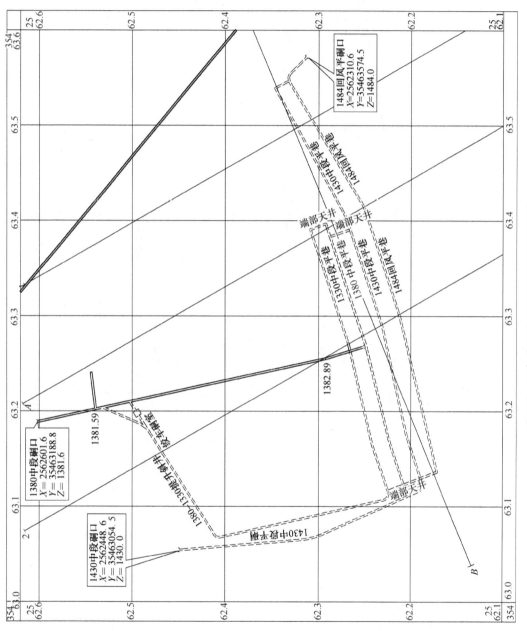

图 2-15 马鹿塘铅锌矿开拓系统复合平面图

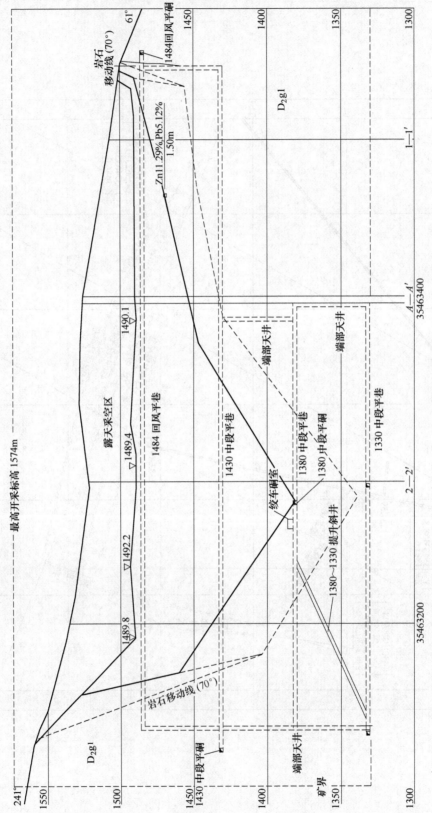

图 2-16　马鹿塘铅锌矿 V_1 矿体开拓系统垂直纵投影图

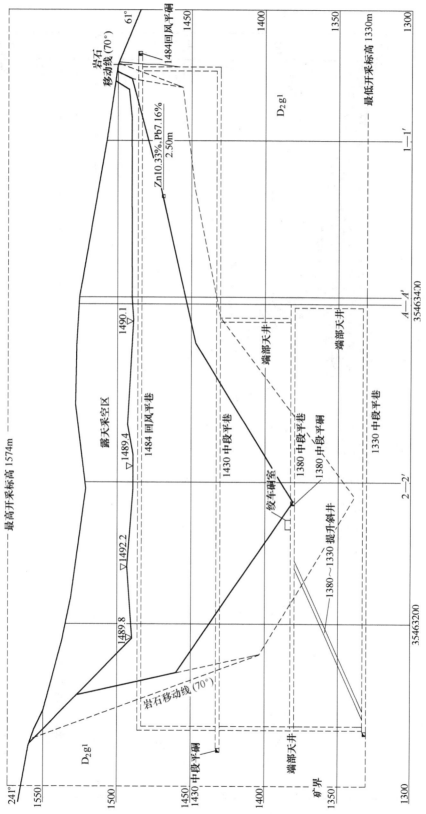

图 2-17 马鹿塘铅锌矿 V₂矿体开拓系统垂直纵投影图

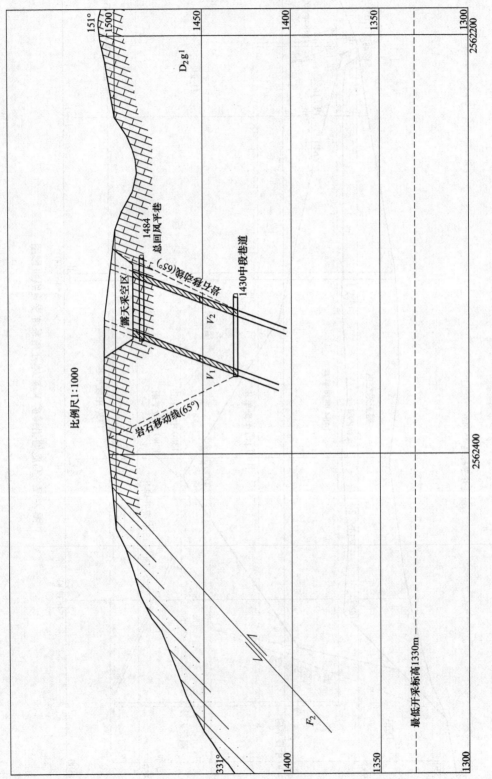

图 2-18 马鹿塘铅锌矿开拓系统 1 号横剖面图

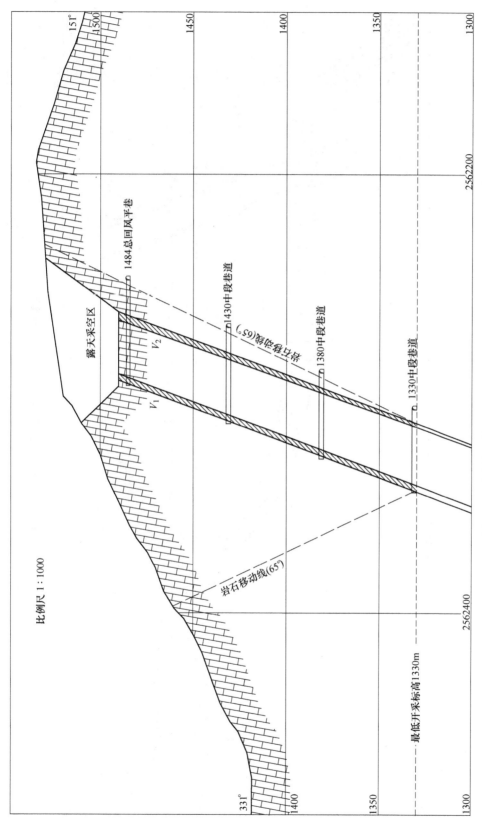

图 2-19 马鹿塘铅锌矿开拓系统 A 号横剖面图

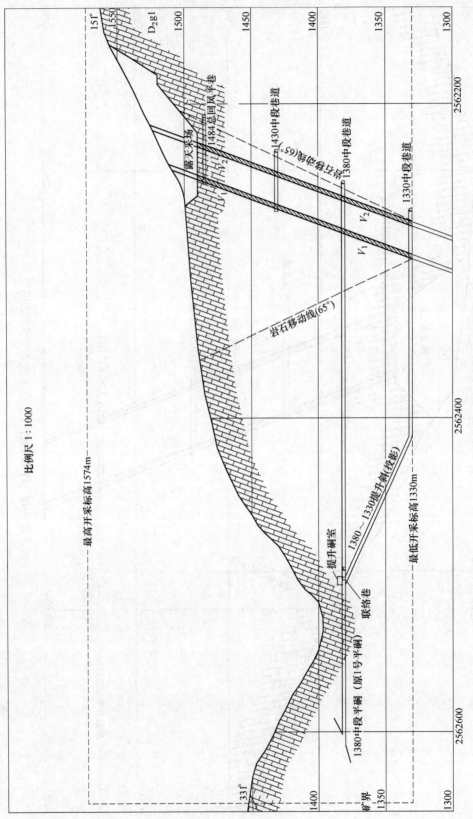

图 2-20　马鹿塘铅锌矿开拓系统 2 号横剖面图

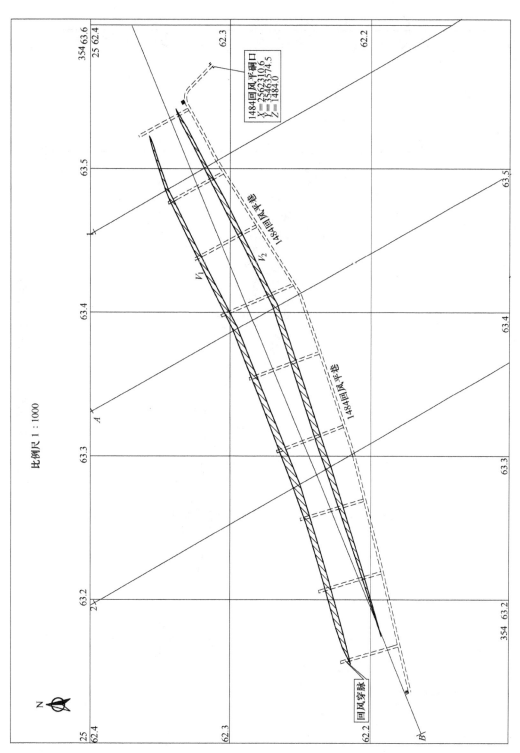

比例尺 1：1000

1484回风平硐口
X=25623106
Y=35463574.5
Z=1484.0

1484回风平巷

1484回风平巷

回风穿脉

图 2-21 马鹿塘铅锌矿 1484m 回风中段平面图

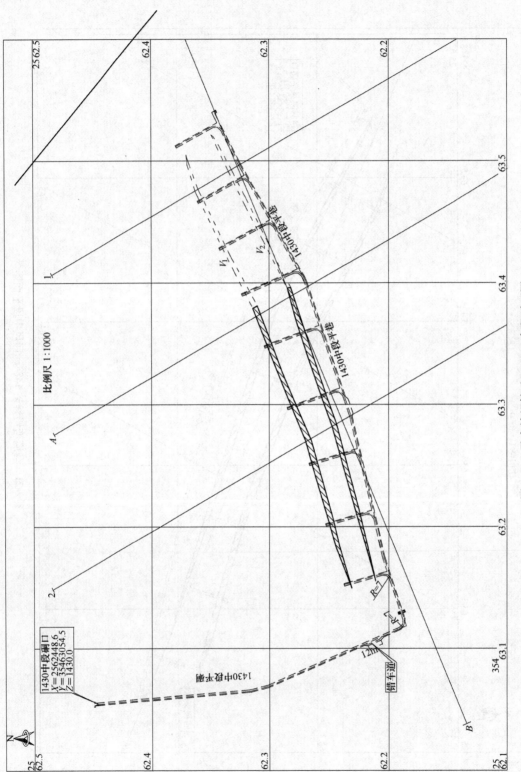

图 2-22 马鹿塘铅锌矿 1430m 中段平面图

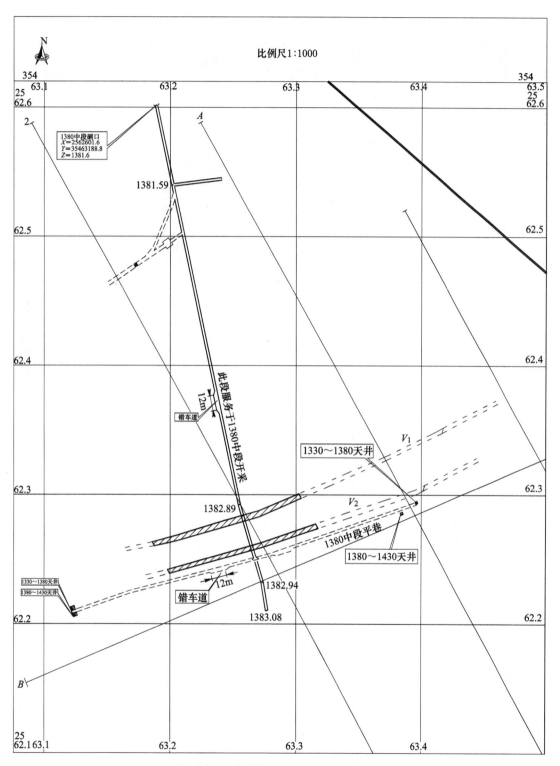

图 2-23 马鹿塘铅锌矿 1380m 中段平面图

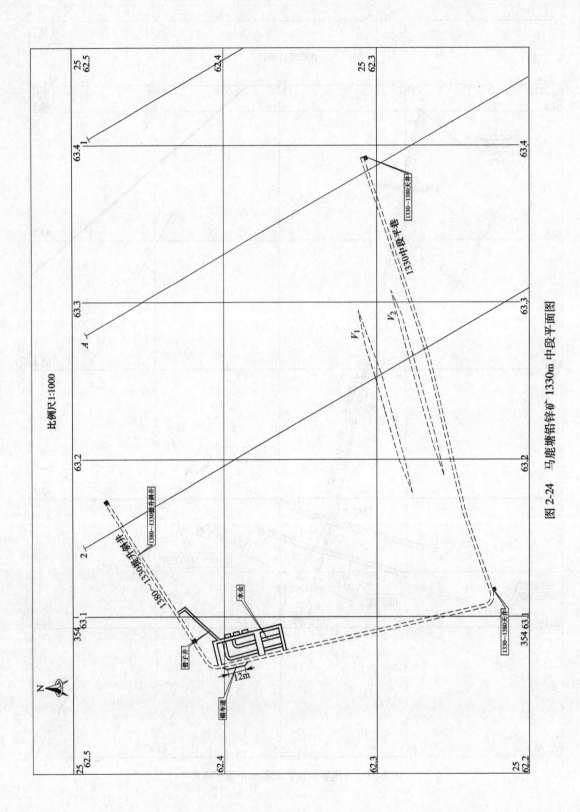

图 2-24　马鹿塘铅锌矿 1330m 中段平面图

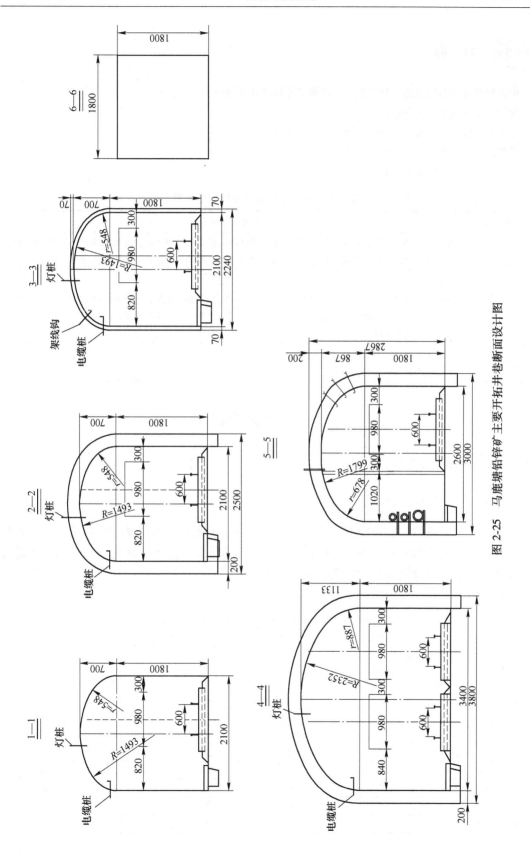

图 2-25 马鹿塘铅锌矿主要开拓井巷断面设计图

习 题

1. 圈定岩石移动范围的意义是什么？怎样圈定岩石移动范围？
2. 留设保安矿柱的意义是什么？
3. 开拓方案比较时，重点比较哪些技术与经济项目？
4. 简要说说开拓系统设计的要点和步骤。
5. 开拓系统设计，任务书见表2-15。

表 2-15　开拓系统选择与设计任务书

任务名称	开拓系统选择与设计
任务描述	根据提供的矿山原始资料以及 2.1 节习题 6 设计的采矿方法，对该矿山Ⅱ号矿体的开拓方案进行选择，并对选择的开拓方案进行系统设计、绘制开拓系统图并编写开拓系统设计说明书
最终成果	开拓方案比选表格； 开拓系统设计图纸，包括：中段开拓平面图、开拓系统横剖面图、开拓系统纵剖面（或纵投影）图、开拓系统复合平面图、开拓系统井上井下对照图、主要开拓巷道断面设计图等； 开拓系统设计说明书
设计要求	每人独立完成； 完成任务总学时：8 学时

2.3　生产能力验算

2.3.1　生产能力验算相关规定

2.3.1.1　矿山建设规模

矿山的生产建设规模应根据矿床开采技术条件、矿床的勘探程度和资源储量、外部建设条件、工艺技术和装备水平、市场需求、资金筹措等因素，经计算论证和技术经济综合比较后确定；生产规模较大的矿山应研究分期建设的可行性和经济合理性。有色金属矿山生产建设规模分类，宜符合表 2-16 的规定。

表 2-16　有色金属矿山生产建设规模分类

矿 种 类 别	矿山生产建设规模级别			
	计量单位/年	大型	中型	小型
铜、铅、锌、钨、锡、锑、钼、镍矿山	万吨	≥100	100~30	<30
钴、镁、铋、汞矿山	万吨	≥100	100~30	<30
稀土、稀有金属矿山	万吨	≥100	100~30	<30
铝土矿	万吨	≥100	100~30	<30
金（岩金）矿山	万吨	≥15	15~6	<6
金（砂金船采）矿山	万立方米	≥210	210~60	<60
金（砂金机采）矿山	万立方米	≥80	80~20	<20
银矿山	万吨	≥30	30~20	<20
其他贵金属矿山	万吨	≥10	10~5	<5

2.3.1.2 经济合理服务年限

新建矿山的设计合理服务年限，宜符合表 2-17 的规定。改建、扩建矿山设计的设计合理服务年限不宜低于相同开采方式的新建矿山设计合理服务年限的 50%。

表 2-17 新建矿山的设计合理服务年限 (a)

矿山类别	大型矿山	中型矿山	小型矿山
露天矿山	>20	>15	>8
地下矿山	>25	>15	>8

2.3.1.3 矿山工作制度

矿山工作制度，宜采用连续工作制。矿山年工作天数宜为 300d 或 330d，每天宜为 3 班，每班宜为 8h。特殊气候地区需季节性工作或有特殊要求的露天矿，有严重影响人体健康的粉尘、气体、放射性物质的地下矿山，应按国家有关规定和实际情况确定工作制度。

2.3.1.4 矿山生产能力

地下矿山生产能力的确定，应符合下列规定：

（1）阶段生产能力应根据阶段上同时回采的矿块数和矿块生产能力计算；

（2）矿山设计生产能力宜以一个开采阶段保证，在条件许可时，可适当增加回采阶段，但上、下相邻阶段的对应采场不得同时回采；采用一步骤连续回采的矿山，应以一个阶段回采计算矿山的生产能力；划分矿房、矿柱两步骤回采的矿山，应以一个阶段采矿房、一个阶段采矿柱为基础进行计算，当矿柱矿量比例小于 20% 时，可不计其生产能力；

（3）计算的生产能力，应按合理服务年限、年下降速度、新阶段准备时间分别进行验证；开采技术条件复杂的大中型矿山，宜编制采掘进度计划表最终验证；

（4）矿山生产能力应根据计算的生产能力，并结合矿床勘探类型、勘探程度、开采技术条件和采矿工艺复杂程度、市场需求、资金筹措等因素，经多方案综合比较后确定。

2.3.2 相关知识

2.3.2.1 设计资源量计算方法

A 资源量和储量的类别划分

根据各勘查阶段获得的矿产资源储量开发的经济意义、可行性研究程度与地质可靠程度，将其分为资源量、基础储量和储量三个大类，细分为 16 个类型，并分别给以不同的编号代码，见表 2-18。

a 资源量

指所有查明与潜在（预测）的矿产资源中，具有一定可行性研究程度，但经济意义仍不确定或属次边际经济的原地矿产资源量。可分为三部分：

（1）内蕴经济资源量。矿产资源勘查工作自普查至勘探，地质可靠程度达到了推断的至探明的，但可行性评价工作只进行了概略研究，由于技术经济参数取值于经验数据，未与市场挂钩，区分不出其真实的经济意义，统归为内蕴经济资源量。这可细分为 3 个类型：探明的内蕴经济资源量（331）、控制的内蕴经济资源量（332）、推断的内蕴经济资源量（333）。

（2）次边际经济资源量。据详查、勘探成果进行预可行性、可行性研究后，其内部收益率呈负值，在当时开采是不经济的，只有在技术上有了很大进步且能大幅降低成本时，才能使其变为经济的那部分资源量。其细分为 3 个类型：探明的（可研）次边际经济资源量（2S11）、探明的（预可研）次边际经济资源量（2S21）、控制的（预可研）次边际经济资源量（2S22）。

（3）预测资源量。经预查，依据各方面资源分析、研究、类比、估算的预测资源量（334）的各项参数都是假设的，经济意义不确定，属潜在矿产资源，可作为远景宏观决策的依据。

表 2-18   矿产资源储量类别与勘查各阶段对比

地质可靠程度		查明资源						潜在资源
		探明的（001）			控制的（002）		推断的（003）	预测的（004）
可研程度 经济意义		可行性研究（010）	预可行性研究（020）	概略研究（030）	预可行性研究（020）	概略研究（030）	概略研究（030）	概略研究（030）
经济的（100）	扣除设计采矿损失	可采储量（111）	预可采储量（121）		预可采储量（122）			
	未扣除设计采矿损失（b）	基础储量（111b）	基础储量（121b）		基础储量（122b）			
边际经济的（2M00）		基础储量（2M11）	基础储量（2M21）		基础储量（2M22）			
次边际经济的（2S00）		资源量（2S11）	资源量（2S21）		资源量（2S22）			
内蕴经济的（300）				资源量（331）		资源量（332）	资源量（333）	资源量（334）？
相当于原储量级别		B			C		D	E+F
探求相应储量类别的各勘查阶段		勘探						
					详查			
							普查	
								预查

b 基础储量

经过详查或勘探，地质可靠程度达到控制的或探明的矿产资源，在进行了预可行性或可行性研究后，经济意义属于经济的或边际经济的，也就是在生产期内，每年的平均内部收益率在 0 以上的那部分矿产资源。基础储量又可分为两部分：

（1）经济基础储量。每年的内部收益率大于国家或行业的基准收益率，即经预可行性或可行性研究属于经济的，未扣除设计和采矿损失（扣除之后为储量）。结合其地质可靠程度和可行性研究程度的分析，又可分为 3 个类型：探明的（可研）经济基础储量

（111b）、探明的（预可研）经济基础储量（121b）、控制的（预可研）经济基础储量（122b）。

（2）边际经济基础储量。内部收益率介于国家或行业基准收益率与 0 之间且未扣除设计和采矿损失的那部分。这也有 3 个类型：探明的（可研）边际经济基础储量（2M11）、探明的（预可研）边际经济基础储量（2M21）、控制的（预可研）边际经济基础储量（2M22）。

c 储量

经过详查或勘探，地质可靠程度达到控制的或探明的矿产资源，在进行了预可行性研究或可行性研究，扣除了设计和采矿损失，能实际采出的数量，即经济上表现为在生产期内，每年的平均内部收益率大于国家或行业的基准收益率。储量是基础储量的经济可采部分。根据矿产勘查阶段和可行性评价阶段的不同，储量又可分为可采储量（111）、预可采储量（121）及预可采储量（122）3 个类型。

B 设计资源量计算方法

设计利用资源储量和设计可采储量，应按下列规定估算：

（1）依据的资源储量主要类型为探明的、控制的经济基础储量和内蕴经济资源量，推断的内蕴经济资源量可部分使用；

（2）推断的内蕴经济资源量可信度系数应根据矿床赋存特征和勘探工程控制程度选取，可取 0.5~0.8；

（3）设计损失量应包括露天开采设计不能回收的挂帮矿量，地下开采设计的工业场地、井筒及永久建筑物、构筑物等需留设的永久性保护矿柱的矿量，以及因法律、社会、环境保护等因素影响不得开采的矿量；

（4）设计利用资源储量可按下式估算：

设计利用资源储量=Σ（经济基础储量+探明、控制的内蕴经济资源量+推断的内蕴经济资源量×可信度系数）−设计损失量

（5）设计可采储量可按下式估算：设计可采储量＝设计利用资源储量−采矿损失量＝设计利用资源储量×采矿综合回收率

（6）设计采出资源量可按下式估算：设计采出资源量＝设计可采储量÷（1−矿石贫化率）

2.3.2.2 生产能力计算方法

地下矿山生产能力可按下式计算：

$$A = \frac{NqKEt}{1 - Z}$$

式中，A 为地下矿山生产能力，t/a；N 为同时回采的可布矿块数，个；q 为矿块生产能力，t/d，可通过计算或按表 2-19 选取；K 为矿块利用系数，%，宜按表 2-20 选取；E 为地质影响系数，宜取 0.7~1.0；t 为年工作天数，d；Z 为副产矿石率，%。

矿块生产能力应根据采场构成要素、凿岩方式、装备水平等，结合回采作业循环计算，也可按表 2-19 选取。

表 2-19　矿块生产能力　　　　　　　　　(t/d)

采矿方法	矿体厚度/m			
	<0.8	0.8~5	5~15	≥15
全面法	—	80~120	—	—
房柱法	—	100~150	150~250	—
分段空场法	—	—	200~350	300~500
阶段空场法	—	—	300~600	600~900
浅孔留矿法	—	80~120	100~150	—
上向分层充填法	—	60~100	100~200	200~400
下向充填法	—	30~60	60~100	100~200
削壁充填法	40~60	—	—	—
大直径深孔落矿嗣后充填法	—	—	200~400	400~600
壁式崩落法	—	100~150	—	—
分层崩落法	—	—	60~100	80~120
有底柱分段崩落法	—	—	150~200	200~300
无底柱分段崩落法	—	—	150~300	300~500
阶段强制崩落法	—	—	—	400~600

注：当机械化程度较高、矿体厚度较厚时，取大值；当机械化程度较低、矿体厚度较薄时，取小值。

表 2-20　矿块利用系数

采 矿 方 法	矿块利用系数
分段空场法	0.3~0.6
房柱法、全面法	0.3~0.7
上向水平分层充填法	0.3~0.5
薄矿脉浅孔留矿法	0.25~0.5
有底柱分段崩落法、阶段崩落法、壁式崩落法、分层崩落法	0.25~0.35
点柱充填法	0.5~0.8
无底柱分段崩落法、下向充填法	≤0.8

注：当矿体产状规整、矿岩稳固、矿块矿量大、采准切割量小、阶段可布矿块数少或矿体分散，矿块间通风、运
　　输干扰少，以及单阶段回采时，应取大值。

2.3.2.3　矿山生产能力验算方法

矿山生产能力宜按下列规定验算：

（1）按合理服务年限验算。矿山服务年限可按下式计算，计算的服务年限宜符合本书
表 2-17 的规定：

$$T = \frac{Q}{A(1 - \beta)}$$

式中，T 为合理服务年限，a；A 为拟定生产能力，t/a；Q 为设计可采储量，t；β 为矿石
贫化率，%。

（2）按年下降速度验算。年下降速度可按下式计算，计算的年下降速度宜与开采技术

条件和装备水平类似的生产矿山进行分析比较：

$$A = \frac{V \times S \times \gamma \times m \times E}{1 - \beta}$$

式中，A 为中段可达到的生产能力，t/a；V 为地下开采的矿体年平均下降速度，m/a；S 为矿体开采水平面积，m^2；γ 为矿石体重（密度），t/m^3；m 为采矿回收率，%；E 为地质影响系数，0.7~1.0。

（3）按新阶段准备时间验算。新阶段准备时间可按下式计算。新阶段开拓、采切工程完成时间应小于计算的新阶段准备时间：

$$T_Z = \frac{Q_Z E}{k(1 - \beta) A_Z}$$

式中，T_Z 为新阶段准备时间，a；Q_Z 为回采阶段可采储量，t；A_Z 为回采阶段生产能力，t/a；k 为超前系数，宜取 1.2~1.5。工程地质和水文地质条件复杂的矿山取大值，简单的矿山取小值。

2.3.3 生产能力验算实例

下面以马鹿塘铅锌矿为例，介绍地下矿山生产能力验算方法及过程。

设计前，企业已根据矿山采矿许可证、选厂处理能力及市场需求等，拟定了生产规模为年产铅锌原矿石 6 万吨。

2.3.3.1 设计资源量计算

A 保有资源量

根据马鹿塘铅锌矿地质报告，矿权范围内保有铅+锌矿石量（332+333 类）41.25 万吨，其中 332 类矿石量 26.97 万吨，333 类矿石量 14.28 万吨。详见表 2-21。

表 2-21 矿山保有资源量表

矿体编号	分类编码	保有矿石量				
		矿石量/万吨	金属/吨		品位/%	
			铅	锌	铅	锌
V$_1$	332	8.7	4966	8336	5.71	9.58
	333	4.94	848	2316	1.72	4.69
	332+333	13.64	5814	10652	4.26	7.81
V$_2$	332	18.27	12847	19548	7.03	10.70
	333	9.34	2454	5285	2.63	5.66
	332+333	27.61	15301	24833	5.54	8.99
V$_1$ + V$_2$ 合计	332	26.97	17813	27884	6.60	10.34
	333	14.28	3302	7601	2.31	5.32
	332+333	41.25	21115	35485	5.12	8.60

B 设计利用资源量

设计利用资源储量可按下式估算：

设计利用资源储量＝Σ（经济基础储量+探明、控制的内蕴经济资源量+推断的内蕴经济资源量×可信度系数）－设计损失量。

可信度系数取值：332 资源量的影响系数取值 1.0，333 资源量的资源影响系数取值 0.8。

设计损失量：因原露天采场终了及底部留设的安全顶柱所占有资源设计时无法利用，根据面积法求得此部分占用资源量为：332+333 类矿石量 1.8 万吨。

本次设计利用资源量为 332＋333 类矿石量 36.59 万吨，金属量 Pb 20048.2t、Zn 33015.7t，品位 Pb 5.48%、Zn 9.02%，详见表 2-22。

表 2-22　设计利用资源量表

矿体编号	分类编码	保有资源量					可信度系数	设计损失量/万吨	设计利用资源量					
		矿石量/万吨	金属/t		品位/%				矿石量/万吨	金属/t		品位/%		
			铅	锌	铅	锌				铅	锌	铅	锌	
V_1	332	8.7	4966	8336	5.71	9.58	1	0	8.7	4966.00	8336.00	5.71	9.58	
	333	4.94	848	2316	1.72	4.69	0.8	0.7	3.252	559.34	1525.19	1.72	4.69	
	332+333	13.64	5814	10652	4.26	7.81		0.7	11.952	5525.34	9861.19	4.62	8.25	
V_2	332	18.27	12847	19548	7.03	10.7	1	0	18.27	12847.00	19548.00	7.03	10.70	
	333	9.34	2454	5285	2.63	5.66	0.8	1.1	6.372	1675.84	3606.55	2.63	5.66	
	332+333	27.61	15301	24833	5.54	8.99		1.1	24.642	14522.84	23154.55	5.89	9.40	
V_1+V_2 合计	332	26.97	17813	27884	6.6	10.34	1	0	26.97	17813.00	27884.00	6.60	10.34	
	333	14.28	3302	7601	2.31	5.32	0.8	1.8	9.624	2235.18	5131.74	2.32	5.33	
	332+333	41.25	21115	35485	5.12	8.6		1.8	36.594	20048.18	33015.74	5.48	9.02	

C　设计可采资源量

设计可采储量按下式估算：

设计可采储量＝设计利用资源储量－采矿损失量＝设计利用资源储量×采矿综合回收率。

本次设计采用浅孔留矿法开采，综合回收率 87.66%，计算得设计可采矿石量 32.08 万吨，金属量 Pb 17571.3t、Zn 28940.0t，品位 Pb 5.48%、Zn 9.02%。见表 2-23。

表 2-23　设计可采资源量表

矿体编号	分类编码	设计利用资源量					综合采矿回收率/%	设计利用资源量				
		矿石量/万吨	金属/t		品位/%			矿石量/万吨	金属/t		品位/%	
			铅	锌	铅	锌			铅	锌	铅	锌
V_1	332	8.7	4966.00	8336.00	5.71	9.58		7.63	4353.2	7307.3	5.71	9.58
	333	3.252	559.34	1525.19	1.72	4.69		2.85	489.1	1336.3	1.72	4.69
	332+333	11.952	5525.34	9861.19	4.62	8.25		10.48	4842.3	8643.7	4.62	8.25
V_2	332	18.27	12847.00	19548.00	7.03	10.70	87.66	16.02	11261.7	17135.8	7.03	10.70
	333	6.372	1675.84	3606.55	2.63	5.66		5.59	1467.4	3160.5	2.63	5.66
	332+333	24.642	14522.84	23154.55	5.89	9.40		21.60	12729.1	20296.3	5.89	9.40
V_1+V_2 合计	332	26.97	17813.00	27884.00	6.60	10.34		23.64	15614.9	24443.1	6.60	10.34
	333	9.624	2235.18	5131.74	2.32	5.33		8.44	1956.5	4496.9	2.32	5.33
	332+333	36.594	20048.18	33015.74	5.48	9.02		32.08	17571.3	28940.0	5.48	9.02

D 设计采出资源量

设计采出资源量按下式估算：

设计采出资源量＝设计可采储量÷（1－矿石贫化率）

根据采矿方法设计，采用浅孔留矿法回采矿体，矿石贫化率6.40%。则本矿共采出矿石量34.27万吨，金属量Pb 17571.3t、Zn 28940.0t，出矿品位Pb 5.13%、Zn 8.44%。见表2-24。

表2-24 设计采出资源量表

矿体编号	分类编码	设计可采储量					矿石贫化率/%	设计采出资源量				
		矿石量/万吨	金属/t		品位/%			矿石量/万吨	金属/t		品位/%	
			铅	锌	铅	锌			铅	锌	铅	锌
V₁	332	7.63	4353.2	7307.3	5.71	9.58	6.4	8.15	4353.2	7307.3	5.34	8.97
	333	2.85	489.1	1336.3	1.72	4.69	6.4	3.05	489.1	1336.3	1.61	4.39
	332+333	10.48	4842.3	8643.7	4.62	8.25	6.4	11.19	4842.3	8643.7	4.33	7.72
V₂	332	16.02	11261.7	17135.8	7.03	10.70	6.4	17.11	11261.7	17135.8	6.58	10.01
	333	5.59	1467.4	3160.5	2.63	5.66	6.4	5.97	1467.4	3160.5	2.46	5.30
	332+333	21.60	12729.1	20296.3	5.89	9.40	6.4	23.08	12729.1	20296.3	5.52	8.79
V₁+V₂合计	332	23.64	15614.9	24443.1	6.60	10.34	6.4	25.26	15614.9	24443.1	6.18	9.68
	333	8.44	1956.5	4496.9	2.32	5.33	6.4	9.01	1956.5	4496.9	2.17	4.99
	332+333	32.08	17571.3	28940.0	5.48	9.02	6.4	34.27	17571.3	28940.0	5.13	8.44

2.3.3.2 矿山工作制度确定

根据相关要求，矿山工作制度宜采用连续工作制。因此马鹿塘铅锌矿设计采用300d/a、3班/d、8h/班的工作制度。

2.3.3.3 矿山生产能力验算

设计推荐的采矿方法为矿块式回采的浅孔留矿采矿方法，矿山生产能力决定于中段同时出矿的矿块数。

本矿的矿山生产能力采用按中段可布采场计算其生产能力，并采用其他方法验证。

（1）按合理服务年限验证。矿山服务年限可按下式计算，计算的服务年限宜符合表2-17的规定：

$$T = \frac{Q}{A(1-\beta)} = \frac{320800}{60000 \times (1-0.064)} = 5.71 \text{ 年}$$

式中，T 为合理服务年限，a；A 为拟定生产能力，60000t/a；Q 为设计可采储量，320800t；β 为矿石贫化率，6.40%。

从经济合理服务年限的角度来说，矿山服务年限偏短，但考虑矿山为生产矿山，原露天开采已有多年，以及选厂处理能力等因素，将矿山生产能力确定为6万吨是合理的。

（2）按中段可布采场计算矿山生产能力如下：

$$A = \frac{NqKEt}{1 - Z}$$

式中，A 为地下矿山生产能力，t/a；N 为同时回采的可布矿块数，个；K 为矿块利用系数，$\%$；q 为矿块生产能力，t/d；E 为地质影响系数，宜取 $0.7\sim1.0$；Z 为副产矿石率，$\%$；t 为年工作天数，d。

经过对各个中段矿体的地质勘探程度、可布矿块数和有效矿块数进行统计研究，矿体各中段矿块划分详见表 2-25，计算的中段生产能力如表 2-26。

表 2-25　矿体各中段矿块划分表

矿体	中段	走向长度/m	矿块长度/m	可布矿块数
V_1	1430	400	50	8
	1380	230	46	5
	1330	100	50	2
V_2	1430	400	50	8
	1380	230	46	5
	1330	110	55	2

表 2-26　矿体各中段生产能力计算表

矿体	中段	采矿方法	可布矿块数	矿块利用系数	矿块生产能力/t·d⁻¹	地质影响系数	副产矿石率/%	年工作天数/天	矿山生产能力/t·a⁻¹
V_1	1430	浅孔留矿法	8	0.25	100	0.9	15		63529
	1380	浅孔留矿法	5	0.4	100	0.9	15		63529
	1330	浅孔留矿法	2	0.5	100	0.85	10		28333
V_2	1430	浅孔留矿法	8	0.25	100	0.9	15	300	63529
	1380	浅孔留矿法	5	0.4	100	0.9	15		63529
	1330	浅孔留矿法	2	0.5	100	0.85	10		28333

从表 2-26 验算结果可看出：矿山开采上部 1430m、1380m 中段时，仅一条矿体开采即可达到 6 万吨/年的产量要求；开采下部 1330m 中段时，单矿体年产量仅为 2.83 万吨/年，可组织两条矿体同时生产，产能可达到 5.67 万吨/年。

（3）按回采工作年下降速度验证矿山年产量。

$$A = \frac{V \times S \times \gamma \times m \times E}{1 - \beta}$$

式中，V 为地下开采的矿体年平均下降速度，该小型矿山取 $15m/a$；S 为矿体开采水平面积，m^2，按后面式子计算；γ 为矿石体重（密度），取 $\gamma = 2.82 t/m^3$；m 为采矿回收率，87.66%；E 为地质影响系数，取 0.9；β 为矿石贫化率，取 6.40%；

矿体开采水平面积计算公式：

$$S = L \times B \frac{1}{\sin\alpha} = 230 \times 3.99 \times \frac{1}{\sin 70°} = 976.3 m^2$$

式中，L 为矿体长度，按 1380m 中段计算，$L = 230$m；B 为矿体厚度，两矿体总厚 3.99m；α 为矿体的倾角，$\alpha = 70°$。

计算结果如下：

$$A = \frac{15 \times 976.3 \times 2.82 \times 3.99 \times 0.877 \times 0.9}{1 - 0.064} = 138951.4\text{t/a}$$

根据验算，以 1380m 中段为例，两矿体同时生产，生产能力可达 13.9 万吨/a，完全可满足初拟的 6 万吨/年的生产能力要求。

2.3.3.4 矿山服务年限

本矿共采出矿石量 34.27 万吨，金属量 Pb 17571.3t、Zn 28940.0t，出矿品位 Pb 5.13%、Zn 8.44%。矿山设计出矿能力：6.0 万吨/年，矿山服务年限 7 年，基建期采出矿石 0.6 万吨，第 1 年采出 3.0 万吨，第 2 至第 5 年 100% 达产（6 万吨/a），第 6、7 年减产直至闭坑。

 习 题

1. 矿山服务年限为什么要满足经济合理服务年限要求？
2. 说说设计利用资源量与设计可采资源量、设计采出资源量的区别。这三个资源量应怎样确定？
3. 地下矿山生产能力验算方法有哪些？
4. 生产能力确定与验算，任务书见表 2-27。

表 2-27 生产能力确定与验算任务书

任务名称	生产能力确定与验算
任务描述	根据矿山原始资料，特别是矿山 II 号矿体现有资源量，结合 2.1 节习题 6 设计的采矿方法等，确定矿山的工作制度和合理的矿山生产规模，计算矿山设计资源量，采用 3 种方法对其生产能力进行验算
最终成果	矿山生产能力确定与验算资料； 矿山设计利用资源量、设计可采资源量及设计采出资源量计算表格
设计要求	每人独立完成； 完成任务总学时：2 学时

2.4 提升运输与通风排水

2.4.1 矿井提升运输系统设计

2.4.1.1 相关规定

A 有轨运输系统设计要求

（1）坑内机车运输宜采用架线式电机车。生产规模小、运距短的小型矿山，可采用蓄电池机车；有爆炸性气体的回风巷道，不应使用架线式电机车；高硫、有自燃发火危险和存在瓦斯危害的矿井，应使用防爆型蓄电池电机车。

（2）采用电机车运输的矿井，由井底车场或平硐口到作业地点所经平巷长度超过1500m 时，应设专用人车运送人员。专用人车及运行应符合下列规定：

1）人车的备用数量应按工作人车数的 10% 计算，但不得少于 1 辆；

2）专用人车应有金属顶棚，从顶棚到车厢和车架应作好电气连接；

3）人车行驶速度不应超过 3m/s；

4）人员上下车的地点，应设置照明和发车声光信号；有两个以上的开往地点时，应设列车去向灯光指示牌；架线式电机车的滑触线应设分段开关；

5）调车场应设区间闭锁装置。

（3）矿山阶段运输量与电机车粘着质量、矿车容积、轨距、轨型的关系，宜符合表2-28 的规定。

表 2-28　阶段运输量与电机车粘着质量、矿车容积、轨距、轨型的关系

阶段运输量/kt·a^{-1}	电机车粘着质量/t	矿车容积/m^3	轨距/mm	轨型/kg·m^{-1}
<80	1.5~3	0.5、0.7	600	9、12
80~150	1.5~7	0.7、1.2	600	12、15
150~300	3~7	0.7、2	600	15、22
300~600	6~10	1.2、2	600	22、30
600~1000	10、14	2、4	600、762	22、30
1000~2000	10、14 双机	4、6	762、900	30、38
>2000	14、20 双机	6、10	762、900	38、43

（4）运输不均匀系数宜取 1.20~1.25。出矿量变化较大的运输阶段宜取 1.30。

（5）班工作时间可按表2-29 选取。

表 2-29　班工作时间　　　　　　　　　　　　　　　　（h）

项目	主平硐	转运阶段	生产阶段
只运货物	6.5	6.5	6.0
运货物人员	6.5	6.0	5.5

（6）电机车的计算和校核，应符合下列规定：

1）电机车牵引能力应按机车启动条件计算，并应按发热和制动条件进行校核；

2）采用空气制动的电机车在高原地区使用时，制动力应修正；

3）电机车运输列车的制动距离，运送人员时不得超过 20m，运输物料时不得超过40m；14t 以上机车或双机牵引时，不得超过 80m；

4）电机车的备用台数，宜按工作机车台数的 20%~25% 选取，但不应少于 1 台，双机牵引时不应少于 2 台。

（7）地面窄轨铁路宜采用直流 250V、550V 或 750V；井下窄轨铁路宜采用直流 250V或 550V；当运输距离长、运量大，在安全措施可靠时，无爆炸危险的大型矿山可采用直流 750V。

（8）架线式电机车运输，从轨面算起的滑触线悬挂高度应符合下列规定：

1）主要运输巷道，线路电压低于 500V 时不应低于 1.8m，线路电压高于 500V 时不

应低于 2m；

2）井下调车场、架线式电机车道与人行道交叉点，线路电压低于 500V 时不应低于 2m，线路电压高于 500V 时不应低于 2.2m；

3）井底车场至运送人员车站，不应低于 2.2m。

（9）架线式电机车滑触线的架设，应符合下列规定：

1）滑触线悬挂点的间距，在直线段内不应超过 5m，在曲线段内不应超过 3m；

2）滑触线线夹两侧的横拉线，应用瓷瓶绝缘；线夹与瓷瓶的距离不应超过 0.2m；线夹与巷道顶板或支架横梁间的距离，不应小于 0.2m；

3）滑触线与管线外缘的距离不应小于 0.2m；

4）滑触线与金属管线交叉处，应采用绝缘物隔开。

（10）采用蓄电池式电机车时，应设置专用的蓄电池充电室，每台机车所配备的蓄电池组不应少于两套。蓄电池充电室内应采用矿用防爆型电气设备。

（11）矿车型式的选择，应符合下列规定：

1）全矿宜选用 1~2 种车型；

2）废石运输宜选用翻斗式矿车。阶段的矿石最大运输量小于 300t/d 的矿山，可与废石运输采用同一车型；条件适合时，宜采用侧卸式或固定式矿车。当矿车容积超过 4m³ 时，宜采用固定式矿车或底侧卸式矿车；

3）矿石中含粉矿、泥、水量大的矿山和贵金属矿山，宜采用固定式矿车；粘结性大的矿石，当采用固定式矿车时，应采取矿车清底措施。

（12）矿车的备用辆数，宜为使用矿车数量的 20%~30%，双机牵引采用底侧卸式矿车时，不宜少于 1 列车；材料车、平板车的数量可分别取矿车总数的 10% 和 3%，平板车数量不应超过 10 辆。材料车计算的数量太少时，可根据实际需要确定。

（13）侧卸式、底侧卸式和底卸式矿车卸矿有方向性要求时，应与运输线路相适应。

（14）运输量较大的阶段宜采用振动放矿机装矿，运输量较小的阶段可采用移动装载设备或重力放矿设备装矿。含泥、水量大的矿石，溜井放矿时，宜采用带有振动底板装置的组合式闸门。

（15）有轨运输的矿山，坑内应设置电机车与矿车修理硐室。

（16）运输线路的通过能力，应按运行图表计算，并应有 30% 的储备能力；当同一线路上同时工作的列车数量多于 3 列时，宜采用双线或环行运输，并应设置可靠的信号集中闭锁装置，采用信集闭系统的运输线路应采用电动道岔。

（17）井下运输线路宜按重车下坡 3‰~5‰ 的坡度设计，并宜与水沟的排水方向一致。

（18）运输线路的曲线半径，当列车运行速度大于 3.5m/s 时，不应小于车辆轴距的 15 倍；运行速度大于 1.5m/s 时，不应小于车辆轴距的 10 倍；运行速度小于 1.5m/s、弯道转角小于 90° 时，不应小于车辆轴距的 7 倍；弯道转角大于 90° 时，不应小于车辆轴距的 10 倍；带转向架的梭车、底卸式矿车等大型车辆，不应小于车辆技术文件的要求。

（19）曲线段轨道加宽和外轨超高，应符合运输技术条件的要求。直线段轨道的轨距误差不应超过 +5mm 和 -2mm，平面误差不应大于 5mm，钢轨接头间隙不宜大于 5mm。

B 无轨运输

（1）无轨运输设备的选型，应根据矿体赋存条件、运输任务和运输线路布置，以及装卸条件、运输设备的技术性能、运输成本等因素综合比较确定。

（2）井下无轨运输采用的内燃设备，应使用低污染的柴油发动机，每台设备应有废气净化装置，净化后的废气中有害物质的浓度应符合国家现行有关工业企业设计卫生标准和工作场所有害因素职业接触限值的规定；同时每台设备应配备灭火装置。

（3）符合下列条件之一时，宜选用柴油铲运机：

1）运距小于300m；

2）用于采场出矿，优于其他装运方式；

3）用于点多分散或标高不一的平底装矿；

4）在平巷或斜坡道掘进中配合其他设备，能加快掘进速度。

（4）电动铲运机宜用于转弯少的采场出矿；小型铲运机用于运距宜小于100m，大型铲运机用于运距宜小于250m。

（5）选用矿用自卸汽车运输时，应符合下列规定：

1）采用铰接式卡车时，运距不宜大于4000m；

2）可用作边远或深部临时出矿；

3）与其他运输方式相比应能简化运输环节；

4）条件许可时，应选用同型号汽车。

（6）采用无轨运输的矿山，坑内宜设完善的设备保养和维修设施；地面宜设相应的故障修理和部件修复的机修设施。

（7）铲运机作业参数宜按下列规定选取：

1）装载、卸载、掉头时间宜取2~3min，定点装载宜取小值，不定点装载宜取大值；

2）运行速度，未铺设路面宜取6km/h，碎石路面宜取8km/h，混凝土路面宜取12km/h；

3）铲斗装满系数宜取0.8；

4）每班纯运行时间宜按3~5h选取，供矿和卸矿条件好的宜取大值；

5）年工作班数宜为500~600班。

（8）矿用自卸汽车作业参数宜按下列规定选取：

1）装载、卸载、调车及等歇时间宜取3~8min，振动放矿机装矿、调车条件好时宜取小值，铲运机或装载机装矿、调车较差时宜取大值；

2）路面坡度为10%时，重车上坡运行速度宜取8~10km/h，空车下坡运行速度宜取10~12km/h；水平路面运行速度宜取16~20km/h；

3）装满系数宜取0.9；

4）三班作业，每班纯运行时间宜按4.5~6h选取；

5）工作时间利用系数，一班工作时宜取0.9，二班工作时宜取0.85，三班工作时宜取0.8；

6）运输不均衡系数宜取1.05~1.15；

7）备用系数宜取0.70~0.80。

C　斜井提升

（1）斜井提升方式的选取，应符合下列规定：

1）倾角小于30°的斜井，可采用串车提升；倾角大于30°的斜井，应采用箕斗或台车提升；

2）矿石提升量小于 500t/d、斜长小于 500m 时，宜采用串车提升；矿石提升量大于 800t/d、斜长超过 500m 时，宜采用箕斗提升；矿石提升量为 500~800t/d 时，应根据具体技术经济条件确定合理的提升方式；

3）台车宜用于材料、设备等辅助提升。

（2）斜井（坡）提升机应采用单绳缠绕式提升机。

（3）斜井井筒配置应符合下列规定：

1）供人员上下的斜井，垂直深度超过 50m 时，应设专用人车运送人员；斜井用矿车组提升时，不应人货混合串车提升；

2）副斜井或串车提升的主斜井中不宜设两套提升设备；

3）倾角大于 10° 的斜井，应设置轨道防滑装置，轨枕下面的道碴厚度不应小于 50mm；

4）箕斗提升斜井，当提升量和斜井长度大时，宜采用带平衡锤的双钩提升或双箕斗提升；

5）斜井卷扬道上应设托辊，托辊间距宜取 8~10m，托辊直径不应小于钢丝绳直径的 8 倍；甩车道和错车道处，应设置立辊；

6）串车提升斜井，应设置常闭式防跑车装置；斜井上部和中间车场，应设置阻车器或挡车栏。

（4）箕斗装卸载矿仓的有效容积应为 1~2h 箕斗提升量，装载矿仓有效容积不应小于 2 列车的装载量，并应满足井下、地面生产和运输系统的要求；露天斜坡箕斗装载矿仓也可采用等容矿仓或通过式漏斗装载。

（5）提升机房应设置起重设施；起重量应按电动机或提升机主轴装置等最大部件重量设计。

（6）斜井或斜坡提升速度和提升加减速度，应符合下列规定：

1）运输人员或用矿车运输物料，斜井长度不大于 300m 时，提升速度不应大于 3.5m/s；斜井长度大于 300m 时，提升速度不应大于 5m/s；

2）箕斗提升物料，斜井长度不大于 300m 时，提升速度不应大于 5m/s；斜井长度大于 300m 时，提升速度不应大于 7m/s；

3）斜井或斜坡运输人员、串车或台车提升的加减速度不应大于 $0.5m/s^2$，箕斗提升的加减速度不应大于 $0.75m/s^2$；

4）车辆在甩车道上运行的速度不应大于 1.5m/s；

5）在坡度较小的斜井或斜坡提升中，提升加减速度应满足自然加减速度的要求。对线路坡度变化大的斜井或斜坡提升，当坡度小于 10° 时，应验算提升过程中钢丝绳是否会松弛。

（7）斜井或斜坡提升时间应按表 2-30 选取；最大班升降人员时间不应超过 60min。提升次数的选取：计算升降人员次数时，最大班生产人员数，应按每班井下生产人员数的 1.5 倍计算；每班提升技术人员等其他人员数，应按井下生产人员数的 20% 计算，且每班提升次数不得少于 5 次；每班提升设备不应少于 2 次；其他非固定任务的提升次数，每班不应少于 4 次；每班提升材料的次数，应根据计算确定。

表 2-30　提升时间 　　　　　　　　　　　　　　　　　　（h/d）

主提升		混合提升
串车提升	箕斗提升	
18	19.5	16.5

（8）提升休止时间应符合下列规定：

1）双箕斗提升，采用计量矿仓向箕斗装矿时，箕斗装载休止时间应符合表 2-31 规定；采用通过式漏斗时，装矿休止时间应根据不同车辆的卸矿时间确定；

表 2-31　箕斗装载休止时间 　　　　　　　　　　　　　　　　　　（s）

箕斗容积/m³	<3.5	4~5	6~8	10~15	>18
休止时间/s	8~10	12	15	20	>25

2）单箕斗提升，箕斗的装矿和卸矿休止时间应分别计算。装矿时间可按双箕斗的休止时间选取，卸矿时间宜取 10s；

3）矿车组提升，矿车的摘挂钩时间宜取 30~45s；材料车的摘挂钩时间宜取 60~90s。采用甩车道方式时，矿车组通过道岔后，变化运行方向所需的时间可取 5s；

4）台车提升，在台车提升中置换矿车的休止时间应符合表 2-32 规定；选用双层台车时，休止时间宜按表 2-32 中的休止时间乘以 2，再另加一次对位时间 5s；置换材料车的休止时间，单面车场宜取 80s，双面车场宜取 40s；

表 2-32　台车提升休止时间 　　　　　　　　　　　　　　　　　　（s）

矿车容积/m³	休止时间/s	
	人力推车	
	单面车场	双面车场
≤0.75	40	25~30
1.2	—	30

5）乘车人员从人车两侧上下车时，人员上下车时间宜取 25~30s，从一侧上下车时宜取 50~60s；

6）运送爆破器材的休止时间宜取 120s。

（9）采用串车提升，倾角小于 25°时，矿车装满系数应取 0.85；倾角为 25°~30°时，矿车装满系数应取 0.8；确定串车组成的矿车数时，除应校核车场和提升设备的能力外，还应校核矿车连接装置的强度。

（10）矿井开拓只设一套提升装置时，提升不均衡系数宜取 1.25，设两套或两套以上提升装置时，箕斗提升宜取 1.15，串车提升宜取 1.2。

（11）串车提升用的矿车容积宜为 0.5~1.2m³，最大不宜超过 2m³；每次提升矿车数宜与电机车牵引矿车数成倍数关系，每次提升矿车数不宜超过 5 辆。

（12）箕斗提升容器的大小应按其提升量和矿石块度确定。箕斗卸载净断面短边尺寸不应小于矿石最大块度的 3 倍。

（13）人车连接装置的安全系数不应小于 13，升降物料的连接装置和其他有关部分的安全系数不应小于10，矿车的连接钩、环和连接杆的安全系数不应小于6。

（14）提升钢丝绳选择，应符合下列规定：

1）提升钢丝绳选择应符合现行国家标准《重要用途钢丝绳》（GB 8918）的有关规定，其抗拉强度不得小于1570MPa；

2）斜井或斜坡提升钢丝绳宜选用线接触钢丝绳、圆股钢丝绳或三角股钢丝绳。斜井采用箕斗提升或台车提升时，宜选用同向捻钢丝绳；采用串车提升时，宜选用外层钢丝较粗的交互捻钢丝绳；

3）提升钢丝绳应按最大静张力计算安全系数，且安全系数应符合表2-33的规定。

表2-33　提升钢丝绳安全系数

提升类型	使用场合		安全系数
单绳缠绕式提升	专用于升降人员时		9
	升降人员和物料时	升降人员时	9
		升降物料时	7.5
	专用于升降物料时		6.5
多绳摩擦式提升	专用于升降人员时		8
	升降人员和物料时	升降人员时	8
		升降物料时	7.5
	专用于升降物料时		7

（15）提升装置的卷筒、天轮、游轮、导向轮、托辊的最小直径与钢丝绳直径之比，与钢丝绳最粗钢丝直径之比，不应小于表2-34的规定。

表2-34　卷筒、天轮、游轮、导向轮、托辊最小直径与钢丝绳、最粗钢丝直径比值

类型	使用场合	项目			钢丝绳直径的倍数	钢丝绳中最粗钢丝直径的倍数
缠绕式提升系统	地表安装	卷筒			80	1200
		天轮			80	1200
	地下安装	卷筒			60	900
		天轮			60	900
	地上地下安装	游轮、导向轮	包角	35°~60°	60	—
				15°~35°	40	—
				10°~15°	20	—
		托辊			8	—

（16）斜井提升装置的卷筒缠绕钢丝绳的层数的确定。当斜井中升降人员或升降人员和物料时，可缠绕两层；当升降物料时，可缠绕三层。缠绕两层或多层钢丝绳的卷筒，卷筒边缘应高出最外一层钢丝绳，其高差不应小于钢丝绳直径的2.5倍，卷筒上应装设带螺旋槽的衬垫，卷筒两端应设置过渡绳块。

（17）提升机房距斜井口的距离，应根据不同的提升方式分别满足爬行、卸载、换车和摘挂钩的需要。

（18）斜井提升设备安全制动，应符合下列规定：

1）过卷扬距离不应小于安全制动时制动闸空行程和施闸时间内提升容器所运行距离之和的 1.5 倍；

2）提升机制动减速度，斜井倾角大于 30°，满载下放时不应小于 $1.5 m/s^2$，满载提升时不应大于 $5 m/s^2$；斜井倾角不大于 30°，满载下放时不应小于 $0.75 m/s^2$，满载提升时不应大于自然减速度：

$$A_0 = g(\sin\theta + f\cos\theta)$$

式中，g 为重力加速度，m/s^2；θ 为井巷倾角，（°）；f 为绳端荷载的运动阻力系数，宜取 0.010~0.015。

（19）单钩串车提升的地面车场，应根据地形和地面运输系统综合确定，条件适合时，宜用甩车道。底部车场宜采用平车场，条件受限制时，可用甩车道。

（20）主提升及升降人员的主副提升的斜井或斜坡线路上，使用的道岔不宜小于 5 号。不升降人员的副提升的斜井或斜坡线路，可选用 4 号道岔。

（21）一次提升的矿车数量较多或矿车容积较大时，应采用电机车或推车机推车和调车。矿车摘钩后，宜采用自溜方式溜至停车线。

（22）下部车场的摘钩处应设双侧人行道。

（23）斜井或斜坡与车场连接的竖曲线半径，应大于通过车辆轴距的 15 倍，并应满足长材料和电机车的通过要求。

（24）串车提升的中间阶段宜用甩车道与斜井或斜坡相连，提升量不大，且倾角大于 20°时，可采用吊桥连接方式。井筒不再延伸的生产阶段宜采用平车场形式。

（25）箕斗装载宜采用计重或计容的计量装置；未设计量装置时，宜采用振动放矿机装载。

（26）斜井井底应设置排水排泥设施，装矿点应设置粉矿回收设施。

2.4.1.2　提升运输系统设计实例

本小节以马鹿塘铅锌矿为例，讲述提升运输系统设计方法及步骤。

A　运输方式与线路确定

矿山 1430m 中段平均坑内运输距离为 420m，1380m 中段平均坑内运输距离为 450m，1330m 中段平均坑内运输距离为 300m。年产矿石 6 万吨，平均班矿石运输量 100t。设计中段平巷采用人推矿车运输。

a　矿石运输线路规划

1430m 及 1380m 中段采用平硐开拓，矿石自采场采出后，溜入电耙道，由电耙耙入溜井卸入下方穿脉运输巷道中的矿车里，然后通过人力将矿车推出地表，卸入坑口矿仓中。1330m 中段采用盲斜井开拓，采场放出的矿石先通过人推矿车至盲斜井底部平车场，挂钩后通过卷扬机提升至 1380m 中段，再通过人推矿车从 1380m 中段平硐口运出地表，卸入坑口矿仓中。

b　废石运输线路规划

生产期间废石在井下的运输线路与矿石运输线路完全相同。运出地表后再采用汽车转运至废石场进行有序排放。

c　材料及设备运输规划

1430m 及 1380m 中段所需材料、设备，分别通过 1430m 及 1380m 中段平硐进入井下，用材料车运至各采场（或掘进工作面），再通过采场天井及联络巷运送到达工作面。

1330m 中段所需材料、设备先通过 1380m 中段平硐进入井下，然后经提升斜井下放到 1330m 中段，再通过 1330m 中段平巷及采场天井运送到达工作面。

d　人员上下线路

1430m 及 1380m 中段开采时，人员通过地表交通车或步行到达各中段平硐口，顺平巷人行道步行到达掘进工作面或经采场天井、采场人行联络巷到达回采工作面。

B　中段运输系统设计

a　运输设备选型

矿车容积与生产规模应匹配，小型矿山矿车容积应选 $0.5 \sim 1.2 \text{m}^3$。由于矿山生产规模为 6 万吨/a，平均班运输矿石量仅 100t。设计选择 YFC 0.7-6 型翻斗式矿车。矿车容积 0.7m^3，外形尺寸：长×宽×高 = 1650mm×980mm×1200mm，矿车自重 710kg，轨距 600mm，侧翻式卸载。

b　运输设备计算

中段的平均运输量为矿石为 200t/d，废石为 18t/d，平均运输距离为 420m。

（1）每辆矿车有效载重量：

$$Q_{效} = C_{满} \gamma V_{容} / \lambda_{矿}$$

式中，$Q_{效}$ 为矿车有效载重量，t；$C_{满}$ 为矿车装满系数，取 $0.8 \sim 1$；γ 为矿（废）石容重，t/m^3；$V_{容}$ 为矿车理论容积，m^3；$\lambda_{矿}$ 为矿（废）石松散系数，$1.3 \sim 1.6$。

计算结果：装矿石 $Q_{效} = C_{满} \cdot \gamma \cdot V_{容} / \lambda_{矿} = 0.9 \times 2.82 \times 0.7 / 1.5 = 1.18\text{t}$

装废石 $Q_{效} = C_{满} \cdot \gamma \cdot V_{容} / \lambda_{矿} = 0.9 \times 2.82 \times 0.7 / 1.55 = 1.15\text{t}$

（2）人推矿车平均速度，按安全规程取 $V_{平均} = 0.8 \text{m/s}$。

（3）矿车运矿石、废石往返一次的总时间计算：

1）装车时间：$t_{装} = 3\text{min}$；

2）辅助作业时间：$t_{助} = 2\text{min}$；

3）意外耽搁时间：$t_{外} = 5\text{min}$；

4）卸车时间：$t_{卸} = 2\text{min}$；

5）纯运输时间：

$$t_{矿·废} = 2L / V_{平均}$$

式中，$t_{矿·废}$ 为矿石、废石的纯运输时间，min；L 为矿石、废石的平均运行距离，m；$V_{平均}$ 为人推矿车运行的平均速度，0.8m/s。

计算结果：

$$t_{矿·废} = \frac{2 \times 420}{0.80 \times 60} = 17.5\text{min}$$

以上各项时间的总合，即为矿石（废石）往返一次的总运输时间：

$$T_{总(矿、废)} = t_{装} + t_{助} + t_{外} + t_{卸} + t_{矿·废}$$

计算结果：$T_{总(矿、废)} = t_{装} + t_{助} + t_{外} + t_{卸} + t_{矿·废} = 3 + 2 + 5 + 2 + 17.5 = 29.5\text{min}$

（4）每辆矿车每班可完成的循环次数：

$$N_{矿·废} = \frac{T_{矿} \times 6.5}{T_{总(矿·废)}}$$

式中，$N_{矿·废}$为每辆矿车每班可完成的循环次数，次；$T_矿$为每班纯工作时间：6.5h。

计算结果：$N_{矿·废} = \dfrac{60 \times 6.5}{29.5} = 13.22$ 次，取 13 次。

（5）完成每班出矿量所需要的循环次数：

$$m_矿 = CA_班 / Q_效$$

式中，C 为出矿不均匀系数，1.1～1.15；$A_班$ 为每班出矿量，t。

计算结果：$m_矿 = CA_班 / Q_效 = 1.15 \times 100 / 1.18 = 97.5$ 次，取 98 次。

另外考虑每天废石运输量 18t，所需循环数 $m_废 = 16$ 次，运送设备、材料、炸药等，所需循环数 $m_材$ 每班 2 次。

（6）矿车工作台数：

$$N_辆 = \frac{m_矿 + m_废 + m_材}{N_{矿·废}}$$

计算结果：$N_辆 = \dfrac{m_矿 + m_废 + m_材}{N_{矿·废}} = \dfrac{98 + 16 + 2}{13} = 8.9$ 辆，取 9 辆。

经过运输计算，设计确定采用人工推车有轨运输方式，矿山共需 0.7m^3 矿车 13 辆，其中 9 辆工作，4 辆备用，备用率 44.4%。

c   线路结构和轨型

坑内轨道线路采用单轨加错车道的形式，错车道间距 150～200m，错车道处双轨中心线间距 1300mm、轨距 600mm，线路设计推荐坡度为 3‰重车下坡线路，最小弯道半径 5m。轨道铺设选用 15kg/m 钢轨。采用钢筋混凝土轨枕、碎石道床，铺轨高度 320mm，线路分支采用单开 3 号道岔。

C   斜井提升系统设计

1380～1330m 盲斜井主要功能为 1330m 中段提升设备、材料、废石、矿石等任务，并兼做进风、压风、供水、供电、排水管路的通道。根据 2.4.1.1 节要求，结合本矿山斜井提升长度和垂直高差，设计采用单钩串车提升，井底采用平车场，提升机房设在 1380m 中段，斜井上下部均用平车场与两中段连通，平车场长度设计为 15m。斜井提升系统图见图 2-26。

提升参数及设备选型计算：

（1）盲斜井提升基本参数如下：盲斜井上部井口标高 1382m，斜井下部井底标高 1330m，垂直高差 52m（1382～1330m），斜井倾角 25°，斜井长度 120m，斜井卷扬机房设置在标高 1382m；

矿石提升量为 200t/d，废石提升量为 20t/d；

斜井工作制度为 300d/a，2 班/d，8h/d；

每天提升时间按表 2-30 选取，取 18h；

矿石松散系数按 1.5 考虑，废石松散系数按 1.55 考虑；

最大提升长度为 120m。

（2）小时提升量的计算：

计算式为：

$$A_s = CA / (t_s t_r)$$

式中，A_s 为小时提升量，t/h；C 为不均衡系数，1.2~1.25；A 为年运输量，矿石+废石 t/a；t_s 为日纯工作小时数，h/d；t_r 为年工作日数，d/a。

计算结果：

$$A_s = 1.25 \times 66000/(300 \times 18.0) = 15.28 \text{t/h}$$

（3）一次提升循环近似时间 T_j：

$$T_j = 2(L_{sb}/V_0 + L_{xb}/V_0 + L_j/V_p + \theta_1 + \theta_2)$$

式中，T_j 为一次提升循环近似时间，s；L_{sb}、L_{xb} 为分别为上、下车场长度，m；V_0 为矿车通过上、下车场时的速度，m/s；L_j 为斜井斜长，m；V_p 为平均提升速度，0.75~0.9V_{max}；V_{max} 为最大提升速度，m/s；θ_1 为矿车组摘挂钩时间，矿车组提升 30~45s；θ_2 为电动机反转换向时间，根据手册取 5s。

根据安全规程，长度小于 300m 的斜井最高速度不应超过 3.5m/s，本次设计按 3.0m 计算：

$$V_p = 0.75 \sim 0.9 V_{max} = 0.8 \times 3.0 = 2.4 \text{m/s}$$

根据以上数据计算得：

$$T_j = 2 \times (15/1.0 + 15/1.0 + 120/2.4 + 45 + 5) = 260 \text{s}$$

（4）一次提升需要矿车数：

$N = A_s \times T_j/3600 Q_{\text{效}} = 15.28 \times 260/(3600 \times 1.17) = 0.943$ 辆，取 1 辆。

经计算，小时提升量的计算 15.28t/h。矿车选择 YFC 0.7-6 型的翻斗式矿车，容积为 $V = 0.7 \text{m}^3$，矿车质量为 710kg，有效装载矿石量 1.18t，有效装载岩石量 1.15t，平均载重量按 1.17t 计算，一次提升循环近似时间为 260s，一次提升或下放需要矿车数为 1 辆（即仅提升矿石和废石，按每班提升 18h 计算，每次提升 1 辆矿车即可）。根据要求：每班提升设备不应少于为 2 次；其他非固定任务的提升次数每班不应少于 4 次；每班提升材料的次数为 2 次。综合考虑矿车提升时的稳定性，在提升时每次提升矿车数确定为 2 辆。

（5）钢丝绳选择：根据设计手册对斜井提升钢绳的推荐，专升降物料时，钢丝绳安全系数根据表 2-33 选取：专用于升降物料不低于 6.5，据此初步选用 6×7+FC 外层钢丝较粗的交互捻钢丝绳，钢丝公称抗拉强度为 1570MPa。

根据设计手册，选用钢丝绳每米长度的质量计算如下：

$$P' = NQ_0(\sin\alpha + f_1\cos\alpha)/[11 \times \sigma_b/m - L(\sin\alpha + f_2\cos\alpha)]$$

式中，P' 为钢丝绳每米长度的质量，kg/m；N 为一次提升矿车数，辆；Q_0 为钢丝绳终端总质量，矿车提升包括容器自重和矿石质量（$Q_0 = Q_{max} + Q_k$），kg；α 为斜井倾角，（°）；f_1 为提升容器运行时的阻力系数；σ_b 为钢丝公称抗拉强度，MPa；m 为缠绕式提升钢丝绳的安全系数，专用提升物料，取 6.5；L 为钢丝绳从天轮切点算起的最大斜长，m；f_2 为钢丝绳移动的阻力系数。

矿石提升：$Q_0 = Q_{max} + Q_k = 1180 + 710 = 1890 \text{kg}$，斜井倾角 25°，提升容器运行时的阻力系数取 0.015，钢丝公称抗拉强度 1570MPa，缠绕式提升钢丝绳的安全系数（本矿专用提升物料）取 6.5，钢丝绳从天轮切点算起的最大斜长取 120m，钢丝绳移动的阻力系数取 0.3。计算结果如下：

$$P' = 2 \times 1180 \times (\sin25° + 0.015 \times \cos25°)/[11 \times 1180/6.5 - 120 \times$$
$$(\sin25° + 0.3\cos25°)] = 0.538\text{kg/m}$$

废石提升：$Q_0 = Q_{max} + Q_k = 1150 + 710 = 1860\text{kg}$，比矿石提升轻，不再重复计算。

根据计算，合理的钢绳选择如下，选用 6×7+FC 型钢丝绳规格如下：

直径 $d_j = 12\text{mm}$，钢丝绳公称抗拉强度 1570MPa，选用纤维芯钢绳，最少破断拉力133kN，钢丝绳质量 0.881kg/m。

（6）安全系数验算：

$$m' = Q_d \times 1000/[NQ_0(\sin\alpha + f_1\cos\alpha) + PL(\sin\alpha + f_2\cos\alpha)]g$$

式中，Q_d 为钢丝破断力总和，133kN；P 为钢丝绳每米长度的重量，0.881kg/m。

其他参数同上。

计算结果：

$$m' = 133 \times 1000/\{[2 \times 1180(\sin25° + 0.015 \times \cos25°) + 0.881 \times 120(\sin25° +$$
$$0.3 \times \cos25°)] \times 9.8\} = 12.30$$

验算的安全系数大于专用物料提升安全系数 6.5，钢丝绳满足安全要求。

（7）提升机卷筒及游轮、托辊直径：

根据表 2-34 选择。

1）提升机卷筒半径。

$D_j > 60d_g = 60 \times 12 = 720\text{mm}$，暂取 800mm。

2）卷筒宽度。

本矿斜井专用于提升物料，可缠绕三层，设计按 2 层计算。

$$B = \{[1000(L_0 + L_s) + (3 + 4)\pi D_j]/(N_c\pi D_p)\}(d_g + \varepsilon)$$

式中，N_c 为缠绕层数；D_p 为平均缠绕直径，mm；L_s 为试验长度，30m；ε 为钢绳圈间隙，2~3mm。

$$D_p = D_j + (N_c - 1)d_g$$

本矿 $D_p = 800 + (2-1) \times 12 = 812\text{mm}$。

计算结果：$B = \{[1000 \times (120+30) + (3+4) \times 3.14 \times 812]/(2 \times 3.14 \times 812)\} \times (12+3) = 493.7\text{mm}$。

3）最大静拉力差。

$$F_j = (Q_{max} \pm Q_k)(\sin\alpha \pm f_1\cos\alpha) + P_0L_0(\sin\alpha \pm f_2\cos\alpha)g$$

式中，提升时取 "+"，下放时取 "-"。

计算结果：

提升时，$F_j = [N(Q_{max} + Q_k)(\sin\alpha + f_1\cos\alpha) + P'L(\sin\alpha + f_2\cos\alpha)]g = [2 \times (1180+710) \times (\sin25°+0.015\times\cos25°) + 0.881\times150\times(\sin25°+0.3\times\cos25°)] \times9.8 = 17.06\text{kN}$

下放时，$F_j = [N(Q_{max} - Q_k)(\sin\alpha - f_1\cos\alpha) + P'L(\sin\alpha - f_2\cos\alpha)]g = [2 \times (1180-710)(\sin25°-0.015\times\cos25°) + 0.881\times150(\sin25°-0.3\times\cos25°)] \times9.8 = 3.96\text{kN}$

最大静拉力差（单钩提升）$F_c = 17.06\text{kN}$。

4）选定提升机型号。

提升机型号：JT-0.8×0.6，卷筒直径 $d_j = 0.8\text{m}$，卷筒宽度 $B = 0.6\text{m}$，提升速度 $V =$

1.35m/s，电机转速 730r/min。

5）游轮、托辊的选择。

包角按 15°~35°计算，查表 2-34 得：

游轮直径 $d_y \geq 40d_g = 480mm$，取 $d_y = 500mm$。

托辊直径 $d_t \geq 8d_g = 96mm$，取 $d_t = 100mm$。

（8）电动机的计算。

电动机的容量 N（kW）为：

$$N = K_b F_c V_{max} / \eta$$

式中，N 为电机需要功率，kW；K_b 为电动机功率备用系数，1.2；η 为传动效率，0.85。

计算结果：$N = K_b \cdot F_c \cdot V_{max} / \eta = 1.2 \times 17.06 \times 1.35 / 0.85 = 32.5kW$

应选择直流电动机，电机额定功率为 35kW，电压为 380V。

（9）斜井铺轨。

设计采用 15kg 钢轨（钢筋砼整体式道床），轨距 600mm。

2.4.2 矿井通风系统设计

2.4.2.1 通风系统设计相关规定

（1）矿井通风系统设计应符合下列规定：

1）应将足够的新鲜空气有效地送到井下工作场所；

2）通风系统应简单，矿井风网结构应合理，风流应稳定、易于管理；

3）矿井通风系统的有效风量率，不应低于 60%；

4）发生事故时，风流应易于控制，人员应便于撤出；

5）应有符合规定的井下环境及安全监测监控系统。

（2）下列情况，宜采用分区通风系统：

1）矿体走向长、产量大、漏风大的矿山；

2）天然形成几个区段的浅埋矿体，专用的通风井巷工程量小的矿山；

3）矿岩有自燃发火危险的矿山；

4）通风线路长或网络复杂的含铀矿山。

（3）分区通风系统的分区范围，应与矿山回采区段相一致，并应以各区之间联系最少的部位为分界线。

（4）下列情况下，宜采用集中通风系统：

1）矿体埋藏较深、走向较短、分布较集中的矿山；

2）矿体比较分散、走向较长、各矿段便于分别开掘回风井的矿山。

（5）采用多机在不同井筒并联运转的集中通风系统，应符合下列规定：

1）某台主扇运转时，其他主扇应启动自如，各主扇负担区域风流应稳定；某台主扇停运时，其通风污风不得倒流入其他主扇通风区中；

2）多井通风时，各井筒之间的作业面不得形成风流停滞区；

3）各主扇通风区阻力宜相等。

（6）下列情况，宜采用多级机站压抽式通风系统：

1）不能利用贯穿风流通风的进路式采矿方法的矿山或同时作业阶段较少的矿山；

2）通风阻力大、漏风点多或生产作业范围在平面上分布广的矿山；

3）现有井巷可作为专用进风巷，进风线路与运输线路干扰不大的矿山。

（7）采用多级机站通风系统，应符合下列规定：

1）级站宜少，用风段宜为1级，进、回风段不宜超过2级；

2）每分支的前后机站风机能力和台数应匹配一致；同一机站的风机，应为同一规格型号；机站风机台数宜为1~3台；

3）风机特性曲线宜为单调下降，应无明显马鞍形；

4）进路式工作面应设管道通风；

5）多级机站通风系统应采用集中控制。

（8）下列情况下，风井宜采用对角式布置：

1）矿体走向较长，采用中央式开拓的矿山；

2）矿体走向较短，采用侧翼开拓的矿山；

3）矿体分布范围大，规模大的矿山。

（9）下列情况下，风井宜采用中央式布置：

1）矿体走向不长或矿体两翼未探清；

2）矿体埋藏较深，用中央式开拓的小型矿山；

3）采用侧翼开拓，矿体另一翼不便设立风井的矿山。

（10）下列情况下，宜采用压入式通风：

1）矿井回风网与地表沟通多，难以密闭维护时；

2）回采区有大量通地表的井巷或崩落区覆盖岩较薄、透气性强的矿山；

3）矿岩裂隙发育的含铀矿山；

4）海拔3000m以上的低气压地区矿山。

（11）下列情况下，宜采用抽出式通风：

1）矿井回风网与地表沟通少，易于维护密闭时；

2）矿体埋藏较深、空区易密闭或崩落覆盖层厚、透气性弱的矿山；

3）矿石和围岩有自燃发火危险的矿山。

（12）下列情况下，宜采用混合式通风：

1）需风网与地面沟通多，漏风量大而进、回风网易于密闭的矿山；

2）崩落区漏风易引起自燃发火的矿山；

3）通风线路长、阻力大，采用分区通风和多井并联通风技术上不可能或不经济的矿山。

（13）下列情况下，宜将主扇安装在坑内：

1）地形限制，地表有滚石、滑坡，可能危及主扇；

2）采用压入式通风，井口密闭困难；

3）矿井进风网或回风网漏风大，且难以密闭。

（14）当主扇设在坑内时，应确保机房供给新鲜风流，并应有防止爆破危害及火灾烟气侵入的设施，且应能实现反风。

（15）下列情况下，宜采用局部通风：

1）不能利用矿井总风压通风或风量不足的地方；

2）需要调节风量或克服某些分支阻力的地方；

3）不能利用贯穿风流通风的硐室和掘进工作面、进路式回采工作面。

2.4.2.2 通风系统规划

通风系统规划是根据矿井开拓系统以及采用的采矿方法、开采顺序、井下采掘工作面等，对矿井通风方式、通风线路等进行系统规划。

例：马鹿塘铅锌矿采用浅孔留矿法开采，上部设置有1484m专用回风平巷，下部3个中段开采时，可利用中段平硐及盲斜井进风，矿山适合于集中抽出式通风。设计将主风机安设于1484m回风平硐口，新鲜风分别从1430m、1380m中段平硐进入井下，通过中段平巷、提升斜井等到达各生产中段，再通过采场天井到达回采工作面，清洗工作面污风通过采场另一侧天井上段到达上中段平巷，经端部回风天井及1484m回风平巷排出地表。矿山通风系统规划图见图2-26。

2.4.2.3 风量计算与分配

A 风量计算方法

矿井总风量应等于矿井需风量乘以矿井需风量备用系数 K，K 值可取 1.20~1.45。矿井需风量，应按下列规定分别计算，并应取其中最大值，海拔高度大于1000m的矿井总进风量，应以海拔高度系数校正。

（1）回采工作面、备用工作面、掘进工作面和独立通风硐室所需风量的总和，应按下式计算：

$$Q = \sum Q_h + \sum Q_j + \sum Q_d + \sum Q_t$$

式中，Q 为矿井需风量，m^3/s；$\sum Q_h$ 为回采工作面所需风量，m^3/s；$\sum Q_j$ 为备用工作面所需风量，m^3/s；$\sum Q_d$ 为掘进工作面所需风量，m^3/s；$\sum Q_t$ 为独立通风硐室所需风量，m^3/s。

1）回采工作面的需风量应按排尘风速所需风量计算，排尘风速应符合下列规定：

①硐室型采场最低风速不应小于 0.15m/s；

②巷道型采场不应小于 0.25m/s；

③电耙道和二次破碎巷道不应小于 0.5m/s；

④无轨装载设备作业的工作面不得小于 0.4m/s。

2）备用工作面所需风量计算，应符合下列规定：

①难以密闭的备用工作面，应与回采工作面需风量相同；

②可临时密闭的备用工作面，应按回采工作面需风量的1/2计算。

3）掘进工作面所需风量计算，应符合下列规定：

①按排尘风速计算时，掘进巷道的风速不应小于 0.25m/s；

②掘进工作面所需风量可按表2-35选取。

表 2-35　掘进工作面所需风量

序　号	掘进断面/m²	掘进工作面所需风量/m³·s⁻¹
1	<5.0	1.0~1.5
2	5.0~9.0	1.5~2.5
3	>9.0	>2.5

注：选用时，巷道平均风速应大于 0.25m/s。

4）独立通风硐室所需风量计算，应符合下列规定：

①井下炸药库、破碎硐室、主溜井卸矿硐室、箕斗装载硐室等作业地点，应分别计算所需风量；

②机电设备散热量大的硐室，应按机电设备运转的发热量计算；

③充电硐室应按回风流中氢气浓度小于 0.5% 计算。

（2）按井下同时工作的最多人数计算时，矿井需风量不应少于每人 4m³/min。

$$Q = qmZ$$

式中，Q 为矿井风量，m³/min；q 为每人每分钟需要空气量，m³/min；m 为井下最大班人数，人；Z 为风量备用系数。

（3）有柴油设备运行的矿井需风量，应按同时作业机台数每千瓦供风量 4m³/min 计算。

B　风量的分配

（1）矿井通风系统为多井口进风时，各进风风路的风量应按风量自然分配的规律进行解算，求出各进风风路自然分配的风量；

（2）矿山多阶段作业时，应充分利用各阶段进、回风井巷断面的通风能力，在各阶段的进、回风段巷道之间应设置共同的并联和角联的风量调配井巷，并应扩大自然分风范围；

（3）所有需风点和有风流通过的井巷，平均最高风速不应超过表 2-36 的规定。

表 2-36　井巷断面平均最高风速规定

序号	井巷名称	最高风速/m·s⁻¹
1	专用风井，专用总进、回风道	15
2	专用物料提升井	12
3	风桥	10
4	提升人员和物料的井筒，阶段的主要进、回风道，修理中的井筒，主要斜坡道	8
5	运输巷道，采区进风道	6
6	采场	4

C　通风网络解算

矿井通风阻力应按通风最困难、最容易时期分别计算；矿山服务年限长、风量大，中、后期阻力相差很大时，是否需要分期选择主扇，应通过技术经济比较确定。

巷道风阻的计算公式：

$$R = \alpha PL/S^3$$

式中，R 为巷道风阻，$N \cdot s^2/m^8$；α 为风阻系数，$N \cdot s^2/m^4$；P 为巷道周长，m；L 为巷道长度，m；S 为巷道断面，m^2；

巷道阻力的计算公式：

$$H = RQ^2$$

式中，H 为巷道阻力，Pa；R 为巷道风阻，$N \cdot s^2/m^8$；Q 为巷道风量，m^3/s。

在计算出各巷道风阻和已知通风网络拓扑关系后，即可解算通风网络，网络解算的目的是求出通风系统在机站风机的作用下矿井网络巷道的风量分配结果，同时确定风机站工况数据。网络解算遵守的基本定律为风量平衡定律（$\sum Q_i = 0$）及风压平衡定律（$\sum H_i = 0$）。

D 实例

马鹿塘铅锌矿，以通风线路最长时期作为通风最困难时期（1380m 中段东部 2 个采场开采），以通风线路最短时期作为通风最易时期。下面介绍该矿最困难时期矿井通风系统解算。

a 风量计算

（1）按井下最大班人数计算：

$$Q = qmZ = 4 \times 30 \times 1.4 = 168 m^3/min = 2.8 m^3/s$$

（2）按排尘风速计算：按排尘风速计算矿井需风量见表 2-37。

表 2-37 按排尘风速计算矿井需风量

工作面名称	通风断面 /m^2	工作面数 /个	排尘风速 /$m \cdot s^{-1}$	需风量 /$m^3 \cdot s^{-1}$	风量备用系数	风量 /$m^3 \cdot s^{-1}$
巷道型回采工作面	4	2	0.25	2	1.4	2.80
电耙巷道工作面	4	2	0.5	4	1.4	5.60
掘进工作面	4	2	0.25	2	1.4	2.8
提升硐室	9	1	0.15	1.35	1.4	1.89
合计	考虑同时用风系数 0.6					13.09

（3）按排尘风量计算：按排尘风量计算矿井需风量见表 2-38。

表 2-38 按排尘风量计算矿井需风量

作业工序	设备或硐室名称	设备型号	工作台数	单台需风量	总需风量
巷道掘进	浅孔凿岩机	YTP26/YSP45	2	2	4
采场回采	浅孔凿岩机	YTP26/YSP45	4	2	8
采场出矿及采切	电耙	2DPJ30	4	2	8
提升	提升硐室	单筒提升机	1	2	2
	合计				22
考虑综合漏风系数 1.25 及同时工作系数 0.6					16.5

根据计算通风困难时期矿井所需风量为：16.5m^3/s，万吨矿石耙风指标 2.75m^3。

b 矿井通风网络计算

巷道风阻及阻力计算结果见表 2-39。

表 2-39　通风网络阻力计算

网路编号	巷道名称	计算段长度/m	周长/m	断面/m²	风量/m³·s⁻¹	风速/m·s⁻¹	风阻/N·s²·m⁻⁸	α系数/N·s²·m⁻⁴	巷道阻力 H/Pa
1	1480 中段总回巷	480	8.48	4.94	16.5	3.34	0.4052	0.012	110.31
2	1380 中段平巷	200	8.48	4.94	16.5	3.34	0.1688	0.012	45.96
3	提升盲斜井	120	10.27	7.31	16.5	2.26	0.0379	0.012	10.31
4	1330 中段平巷	200	8.48	4.94	16.5	3.34	0.2814	0.02	76.60
5	采场天井及联络巷	50	3.6	3.24	4.125	1.27	0.1058	0.02	1.80
6	工作面	50	8	3.75	4.125	1.10	0.1517	0.02	2.58
	合计	1100							247.56

经拓扑关系分析及解算，求得矿井通风总阻力为 226.7Pa。

2.4.2.4　主通风装置与设施

根据通风系统网络解算得到的矿井需风量、通风网络阻力等参数来选择矿井主通风设备，K、DK 系列无驼峰矿用节能风机主要技术性能参数见表 2-40。

（1）风机的风量计算：

$$Q_J = K \times Q$$

式中，Q_J 为风机风量，m^3/s；Q 为矿井所需风量，m^3/s；K 为通风装置的漏风系数。

（2）风机的风压计算：

$$H_J = H + \Delta h + h_c + H_z$$

式中，H_J 为风机风压，Pa；H 为矿井通风阻力，Pa；Δh 为通风装置阻力，Pa；h_c 为消声装置阻力，Pa；H_z 为扩散器的动力损失，Pa。

（3）实例。马鹿塘铅锌矿矿井通风系统总风量为 $16.5m^3/s$，总风压 226.7Pa。

风机的风量：$Q_J = K \times Q = 1.15 \times 16.5 = 18.98m^3/s$

风机的风压：$H_J = H + \Delta h + h_c + H_z = 226.7 + 150 + 50 + 50 = 476.7Pa$

通风机选择：选用 K40-6-No12 矿用节能通风机，风机性能规格见表 2-40。

表 2-40　K、DK 系列无驼峰矿用节能风机

	机号	8	9	10	11	12	13	14	15
K40-4 (n=1450r/min)	风量/(m³/s)	4.4~9.5	6.2~13.5	8.5~18.6	11.3~24.7	14.7~32.1	18.7~40.8	23.4~50.9	28.7~62.6
	全压/Pa	108~497	136~629	168~776	203~939	242~1118	284~1312	329~1512	387~1746
	功率/kW	5.5	11	15	30	37	55	90	110
	电动机型号	Y132S-4	Y160M-4	Y160L-4	Y200L-4	Y225S-4	Y250M-4	Y280M-4	Y315S-4
	参考重量/kg	508	682	1015	1308	1563	1890	2365	3528

	机号	7	8	9	10	11	12	13	14
K40-6 (n= 980r/min)	风量/(m³/s)	2.0~4.3	3.0~6.4	4.2~9.1	5.8~12.5	7.7~16.7	9.9~21.7	12.6~ 27.5	15.8~ 34.4
	全压/Pa	38~174	49~227	62~287	77~355	93~429	111~510	130~599	150~695
	功率/kW	1.1	2.2	3	5.5	7.5	15	18.5	30
	电动机型号	Y90L$_1$-6	Y112M-6	Y132S-6	Y132M$_2$-6	Y160M-6	Y180L-6	Y200L$_1$-6	Y225M-6
	参考重量/kg	350	468	603	924	1137	1395	1650	1952
	机号	15	16	17	18	19	20	21	22
	风量/(m³/s)	19.4~ 42.3	23.6~ 51.4	28.3~ 61.6	33.6~ 73.1	39.5~ 86.0	46.0~ 100.3	53.3~ 116.1	61.3~ 113.4
	全压/Pa	173~798	197~908	222~1008	249~1149	277~1280	307~1418	339~1563	372~1716
	功率/kW	37	55	75	90	110	160	200	250
	电动机型号	Y250M-6	Y280M-6	Y315S-6	Y315M-6	Y315L$_1$-6	Y355M$_1$-6	Y355M$_3$-6	Y355L$_2$-6
	参考重量/kg	2828	3364	4042	4591	5061	7009	7703	8924
K40-8 (n= 730r/min)	机号	11	12	13	14	15	16	17	18
	风量/(m³/s)	5.7~ 12.4	7.4~ 16.1	9.4~ 20.5	11.8~ 25.6	14.5~ 31.5	17.6~ 38.3	21.1~ 45.9	25.0~ 54.5
	全压/Pa	52~238	61~283	72~332	84~386	96~443	109~504	123~568	138~637
	功率/kW	4	5.5	7.5	11	15	22	30	37
	电动机型号	Y160M$_1$-8	Y160M$_2$-8	Y160L-8	Y180L-8	Y200L-8	Y225M-8	Y250M-8	Y280S-8
	参考重量/kg	1087	1283	1510	1773	2578	2976	3405	3905
	机号	19	20	21	22	23	24	25	26
	风量/(m³/s)	29.4~ 64.1	34.3~ 74.7	39.7~ 86.5	45.7~ 99.4	52.2~ 113.6	59.3~ 129.1	67.0~ 146	75.4~ 164.2
	全压/Pa	154~710	170~787	188~867	206~952	225~1041	245~1133	266~1229	288~1330
	功率/kW	55	75	90	110	132	160	200	250
	电动机型号	Y315S-8	Y315M-8	Y315L$_1$-8	Y315L$_2$-8	Y355M$_1$-8	Y355M$_2$-8	Y355L$_2$-8	Y450S$_3$-8
	参考重量/kg	4766	6216	6800	7420	8616	9317	11666	13638
K45-4 (n= 1450r/min)	机号	8	9	10	11	12	13	14	15
	风量/(m³/s)	6.6~ 12.5	9.5~ 17.8	13.0~ 24.0	17.3~ 32.6	22.5~ 42.3	28.6~ 53.8	35.7~ 67.2	43.9~ 82.6
	全压/Pa	357~685	452~867	558~1071	675~1295	804~1542	943~1810	1094~2099	1256~2409
	功率/kW	7.5	15	30	45	75	90	132	200
	电动机型号	Y132M-4	Y160L-4	Y220L-4	Y225M-4	Y280S-4	Y280M-4	Y314M-4	Y315L$_2$-4
	参考重量/kg	547	735	1169	1442	1876	2205	2891	3887

K45-6（$n=980r/min$）

机号	7	8	9	10	11	12	13	14
风量/(m³/s)	3.0~5.7	4.5~8.4	6.4~12.0	8.7~16.5	11.6~22.0	15.1~28.5	19.2~36.3	23.9~45.3
全压/Pa	125~240	163~313	207~396	255~489	309~592	367~704	431~827	500~959
功率/kW	1.5	3	5.5	7.5	15	18.5	30	45
电动机型号	Y100L-6	Y132S-6	Y132M$_2$-6	Y160M-6	Y180L-6	Y200L$_1$-6	Y225M-6	Y280S-6
参考重量/kg	375	512	649	998	1248	1495	1789	2246

机号	15	16	17	18	19	20
风量/(m³/s)	29.4~55.7	35.7~67.6	42.8~81.1	50.9~96.2	59.8~113.2	69.8~132.0
全压/Pa	574~1101	653~1252	737~1414	826~1585	920~1766	1019~1956
功率/kW	55	90	110	160	200	250
电动机型号	Y280M-6	Y315M-6	Y315L$_1$-6	Y355M$_1$-6	Y355M$_3$-6	Y355L$_2$-6
参考重量/kg	3148	3991	4436	5384	5955	6810

DK40-6（$n=980r/min$）

机号	15	16	17	18	19	20	21
风量/(m³/s)	18.2~43.6	22.1~52.9	26.5~63.5	31.5~75.4	37.0~88.6	43.2~103.4	50.0~119.7
装置静压/Pa	382~1690	435~1923	491~2171	551~2433	614~2711	680~3004	750~3312
功率/kW	2×37	2×55	2×75	2×90	2×132	2×160	2×200
电动机型号	Y250M-6	Y280M-6	Y315S-6	Y315M-6	Y315L$_2$-6	Y355M$_1$-6	Y355M$_3$-6
参考重量/kg	4649	5582	6789	7731	8627	11997	13179

DK40-8（$n=730r/min$）

机号	18	19	20	21	22	23	24	25
风量/(m³/s)	23.5~56.1	27.6~66.0	32.2~77.0	37.3~89.1	42.8~102.5	48.9~117.1	55.6~133.0	62.9~150.4
装置静压/Pa	306~1350	341~1504	377~3334	416~1838	457~2017	499~2204	543~2400	589~2605
功率/kW	2×37	2×55	2×75	2×90	2×110	2×132	2×160	2×200
电动机型号	Y280S-8	Y315S-8	T315M-8	Y315L$_1$-8	Y315L$_2$-8	Y355M$_1$-8	Y355M$_2$-8	Y355L$_2$-8
参考重量/kg	6715	8312	10943	11959	13039	15262	16490	20793

DK45-6（$n=980r/min$）

机号	12	13	14	15	16	17	18	19
风量/(m³/s)	10.7~27.6	13.6~35.0	17.0~43.8	20.9~53.8	25.4~65.3	30.4~78.3	36.1~93.5	42.5~109.4
装置静压/Pa	698~1374	819~1613	950~1871	1091~2148	1241~2444	1400~2759	1570~3093	1750~3446
功率/kW	2×22	2×37	2×55	2×75	2×90	2×132	2×160	2×200
电动机型号	Y200L$_2$-6	Y250M-6	Y280M-6	Y315S-6	Y315M-6	Y315L$_2$-6	Y355M$_1$-6	Y355M$_3$-6
参考重量/kg	2492	3130	3905	5991	6906	7778	9406	10392

机号	16	17	18	19	20	21	22	
DK45-8 ($n=$ 730r/min) 风量/(m³/s)	18.9~ 48.7	22.7~ 58.4	26.9~ 69.3	31.6~ 81.5	36.9~ 95.1	42.7~ 110.1	49.1~ 126.6	
装置静压/Pa	688~ 1356	777~ 1531	871~ 1716	971~ 1912	1076~ 2119	1186~ 2336	1302~ 2563	
功率/kW	2×37	2×55	2×75	2×90	2×110	2×160	2×200	
电动机型号	Y280S-8	Y315S-8	Y315M-8	Y315L₁-8	Y315L₂-8	Y355M₂-8	Y355L₂-8	
参考重量/kg	5585	7120	7940	8715	11318	13665	15118	

2.4.2.5 通风构筑物

通风构筑物主要包括风门、风桥、空气幕、井盖门、调整风窗、井门、测风站等，设置具体要求如下：

（1）宜设在回风段，在进风量较大的主要阶段巷道内不应设置风窗，在高风压区不应设置自动风门。

（2）风门：需设风门的主要运输巷道，应设两道风门，两道风门的间距，有轨运输时应大于 1 列车的长度，无轨运输时应大于运行设备最大长度的 2 倍；手动风门应与风流方向成 80°~85°的夹角，并应逆风开启；风门安装应严密，主要风门的墙垛应采用砖、石或混凝土砌筑。

（3）风桥：通风系统中进风道与回风道交叉地段应设置风桥；风量大于 20m³/s 时，应设绕道式风桥；风量为 10~20m³/s 时，可用砖、石、混凝土砌筑；风量小于 10m³/s 时，可用铁风筒；风桥与巷道的连接处应设计成弧形；永久风桥不应采用木质结构。

（4）空气幕：需要调节风量或截断风流的井下运输巷道，可在巷道内安设空气幕；空气幕应安装在巷道较平直、断面规整处；空气幕的供风器出风口，应迎向巷道风流方向，空气幕射流轴线应与巷道轴线形成所需的夹角；空气幕形成的有效压力可根据调节风量所需的阻力设计和选取。

（5）井盖门、调节风窗及井：采场进风天井顶部宜设井盖门，回风天井顶部宜设调节风窗，下部宜设井门。

（6）测风站：井下各主要进、回风巷道内宜设测风站；测风站应设在直线巷道内，站内不得有任何障碍物，巷道周壁应平整光滑；测风站长度应大于 4m，断面应大于 4m²；站前、站后的直线段巷道长度应大于 10m。

马鹿塘铅锌矿盲斜井提升系统见图 2-26，马鹿塘铅锌矿生产初期通风构筑物安设位置详见图 2-27。

2.4.3 矿井排水系统设计

2.4.3.1 排水系统设计相关规定

（1）井下排水方式的选择，应符合下列规定：

1）矿井较浅、开采阶段数不多的矿山，宜采用一段排水。

2）矿井较深、开采阶段数多、上部阶段涌水量大、下部涌水量小的矿山，宜采用分段排水。

3）矿井较深、涌水量较大、服务年限较长的矿山，排水方式应进行综合技术经济比较确定。

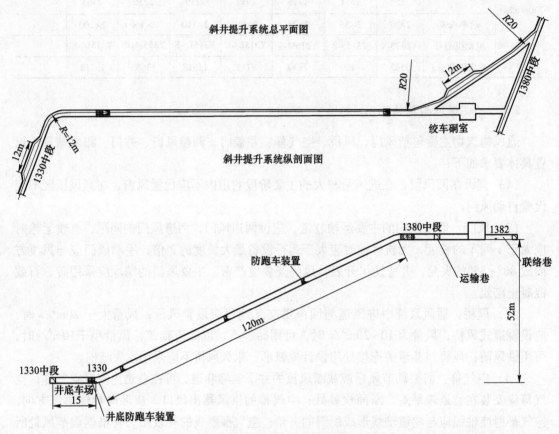

图 2-26　马鹿塘铅锌矿盲斜井提升系统图

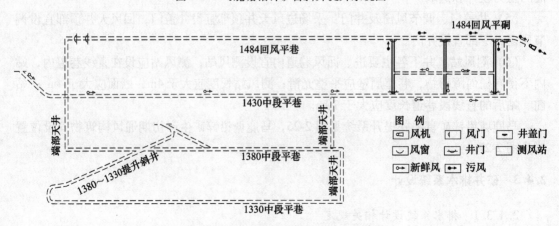

图 2-27　马鹿塘铅锌矿通风系统规划图

（2）井下排水正常涌水量的计算应包括井下生产废水。

（3）井下排水设备的选择应符合下列规定：

1）井下主要排水设备，应至少由同类型的 3 台泵组成。工作水泵应能在 20h 内排出一昼夜的正常涌水量；除检修泵外，其他水泵应能在 20h 内排出一昼夜的最大涌水量。

2）水文地质条件复杂、有突水危险的矿山，可根据情况增设抗灾水泵或在主排水泵房内预留安装水泵的位置。

3）确定水泵扬程时，应计入水管断面淤积后的阻力损失。较混浊的水，应按计算管路损失的 1.7 倍选取；清水可按计算管路损失选取。

4）排水泵宜采用无底阀排水，其吸上真空度不应小于 5m，并应按水泵安装地点的大气压力和温度进行验算。

5）主排水泵应选择先进节能的排水设备。

6）pH 值小于 5 的酸性水，可采取防酸措施或采用耐酸泵。

7）主排水泵房内的闸阀宜选用电动闸阀。

（4）井下水泵房的布置应符合下列规定：

1）主要水泵房应设在井筒附近，井下主变电所宜靠近主要水泵房布置。

2）井底主要泵房的通道不应少于两个，其中一个应通往井底车场，通道断面应能满足泵房内最大设备的运搬，出口处应装设防水门；另一个应采用斜巷与井筒连通，斜巷上口应高出泵房地面 7m 以上；泵房地面标高，除潜没式泵房外，应高出其入口处巷道底板标高 0.5m。

3）水泵宜顺轴向单列布置；水泵台数超过 6 台、泵房围岩条件较好时，可采用双排布置。

4）水泵机组之间的净距离宜为 1.5~2m；基础边缘距墙壁的净距离，吸水井侧宜为 0.8~1m，另一侧宜为 1.5~2m，大型水泵机组之间的净距离可根据设备要求进行调整。

5）泵房地面应向吸水井或水窝有 3‰的排水坡度。

6）泵房高度应满足安装和检修时起吊设备的要求。

（5）主要水泵房水仓设计应符合下列规定：

1）水仓应由两个独立的巷道系统组成。

2）一般矿井主要水仓总容积，应能容纳 6~8h 的正常涌水量。涌水量较大的矿井，每个水仓的容积，应能容纳 2~4h 的井下正常涌水量。

3）水仓进水口应有箅子。

4）水仓顶板标高不应高于水仓入口处水沟底板标高，水仓高度不应小于 2m。

（6）当水泵电动机容量大于 100kW 时，主要水泵房应设置起重梁或起重机，并应敷设轨道与井底车场连通，起重设备应能满足水泵、阀门和排水管路安装和检修要求。

（7）井下主排水管的选择应符合下列规定：

1）井筒内应有工作和备用的排水管。工作水管的能力应能配合工作水泵在 20h 内排出矿井 24h 的正常涌水量；工作和备用水管的总能力，应能配合工作和备用水泵在 20h 内排出矿井 24h 的最大涌水量。

2）排水管宜选用无缝钢管。管径宜按水流速度 1.2~2.2m/s 选择，最大不应超过

3m/s。管壁厚度应根据压力大小选择；竖井井筒中的排水管路较长时，宜分段选择管壁厚度。

3）排水水质 pH 值小于 5 时，排水管道应采取防酸措施。

（8）井下主排水管的敷设应符合下列规定：

1）泵房内排水管道最低点至泵房地面净空高度不应小于 1.9m，并应在管道最低点设放水阀。

2）管子斜道与竖井相联的拐弯处，排水管应设弯管支承座。竖井中的排水管每隔 150~200m 应装设直管支承座；竖井管道间内应留有检修及更换管子的空间。

3）管道沿斜井敷设，宜架设在人行道一侧：管径小于 200mm 时，可固定于巷道壁上；管径大于 200mm 时，宜安装在巷道底板专用的管墩上。

4）经技术经济比较合理时，可通过钻孔下排水管路排水。

（9）有提升设备的竖井及斜井井筒井底水窝排水，应符合下列规定：

1）应设 2 台水泵，其中应 1 台工作、1 台备用；

2）水泵能力应在 20h 内排出水窝 24h 积水量；

3）井底水窝排水泵宜选用潜污泵，并应采用自动控制。

2.4.3.2　排水系统设计实例

本节以马鹿塘铅锌矿为例，介绍排水系统设计方法及步骤。

A　排水方式选择

根据本矿山开拓系统的设置，1430m 中段、1380m 中段采用平硐开拓，中段坑内涌水及生产废水通过中段平巷自流排出地表；1330m 中段为盲斜井开拓，需采用机械排水，坑内涌水及生产废水通过中段平巷流至斜井井底水仓，采用机械排至 1380m 中段，再通过 1380m 中段平硐水沟排出地表。

中段平巷内排水沟根据涌水量进行断面设计，详见第 2.2.3.5 节，在此不再赘述。下面主要讲述机械排水系统设计。

B　排水设备计算

a　坑内排水泵站

根据排水规划，1330m 排水高度为 52m（1330~1382m），采用一段排水，泵站设在 1330m 中段盲斜井底车场一侧。

b　水泵计算

（1）按正常涌水量确定排水设备所必需的排水能力。根据矿山现探矿坑道观察及地质人员的记录计算，1380m 中段坑道雨季最大水量为 246m³/d，平均 150m³/d。1330m 中段较 1380m 中段低，设计 1330m 中段涌水量按 1380m 中段的 1.5 倍涌水量进行设计，即最大涌水量为 369m³/d，平均 225m³/d。

$$Q' = Q_{zh}/20$$

式中，Q' 为正常涌水期间排水设备所必需的排水能力，m³/h；Q_{zh} 为矿井正常涌水量，按 225m³/d 计算。

计算结果：　　　　　　　　$Q' = Q_{zh}/20 = 225/20 = 11.25\text{m}^3/\text{h}$

（2）按排水高度估算排水设备所需要的扬程：

$$H' = KH_P$$

式中，H' 为排水设备所需的扬程，m；H_P 为排水高度，配水水仓底板至排水管出口中心高差，52+水仓高（6）= 58m；K 为扬程损失系数，取 1.1。

计算结果：　　　　　　　　$H' = KH_P = 63.8\text{m}$

根据上述计算得知，正常涌水期间排水设备所必需的排水能力 11.25m³/h，排水设备所需的扬程为 63.8m。水泵选用可参考表 2-41。最终选择 IS150-32-250A 型级离心水泵。

表 2-41　IS 系列单级单吸离心泵主要技术性能

| 型号 | 流量 | | 扬程 | 转速 | 功率/kW | | 效率 | 汽蚀余量 | 质量 |
	m³·h⁻¹	L·s⁻¹	/m	/r·min⁻¹	轴	电动机	/%	/m	/kg
IS50-32-125	12.5	3.47	20	2900	1.13	2.2	60	2.0	72
IS50-32-125A	11.2	3.11	16		0.84	1.5	58	2.0	
IS50-32-125	6.3	1.74	5	1450	0.16	0.75	54	2.0	
IS50-32-125A	5.6	1.56	4		0.12	0.75	52	2.0	
IS50-32-160	12.5	3.47	32	2900	2.02	3	54	2.0	76
IS50-32-160A	11.7	3.25	28		1.72	3	52	2.0	
IS50-32-160B	10.8	3.01	24		1.41	2.2	50	2.0	
IS50-32-160	6.3	1.74	8	1450	0.28	0.75	48	2.0	
IS50-32-160A	5.9	1.64	7		0.24	0.75	46	2.0	
IS50-32-160B	5.4	1.5	6		0.20	0.75	44	2.0	
IS50-32-200	12.5	3.47	50	2900	3.54	5.5	48	2.0	81
IS50-32-200A	11.7	3.25	44		3.04	4	46	2.0	
IS50-32-200B	10.8	3.01	38		2.54	4	44	2.0	
IS50-32-200	6.3	1.74	12.5	1450	0.51	1.1	42	2.0	
IS50-32-200A	5.9	1.64	11		0.44	1.1	40	2.0	
IS50-32-200B	5.4	1.5	9.5		0.37	0.75	38	2.0	
IS50-32-250	12.5	3.47	80	2900	7.16	11	38	2.0	154
IS50-32-250A	11.7	3.25	70		6.19	11	36	2.0	
IS50-32-250B	10.8	3.01	60		5.19	7.5	34	2.0	
IS50-32-250	6.3	1.74	20	1450	1.07	1.5	32	2.0	
IS50-32-250A	5.9	1.64	17.5		0.94	1.5	32	2.0	
IS50-32-250B	5.4	1.5	15		0.79	1.1	28	2.0	

型号	流量		扬程	转速	功率/kW		效率	汽蚀余量	质量
	$m^3 \cdot h^{-1}$	$L \cdot s^{-1}$	/m	/r·min^{-1}	轴	电动机	/%	/m	/kg
IS65-50-125	25	6.94	20		1.97	3	69	2.0	
IS65-50-125A	22.4	6.22	16	2900	1.46	2.2	69	2.0	78
IS65-50-125	12.5	3.47	5		0.27	0.75	64	2.0	
IS65-50-125A	11.2	3.11	4		0.20	0.75	64	2.0	
IS65-50-160	25	6.94	32	1450	3.35	5.5	65	2.0	
IS65-50-160A	23.4	6.5	28		2.83	4	63	2.0	
IS65-50-160B	21.7	6.03	24		2.32	4	61	2.0	84
IS65-50-160	12.5	3.47	8	2900	0.45	0.75	60	2.0	
IS65-50-160A	11.7	3.25	7		0.38	0.75	58	2.0	
IS65-50-160B	10.8	3.01	6		0.32	0.75	56	2.0	
IS65-40-200	25	6.94	50	1450	5.67	7.5	60	2.0	
IS65-40-200A	23.4	6.5	44		4.83	7.5	58	2.0	
IS65-40-200B	21.7	6.03	38	2900	4.00	5.5	56	2.0	88
IS65-40-200	12.5	3.47	12.5		0.77	1.5	55	2.0	
IS65-40-200A	11.7	3.25	11	1450	0.66	1.1	53	2.0	
IS65-40-200B	10.8	3.01	9.5		0.55	1.1	51	2.0	
IS65-40-250	25	6.94	80		10.3	15	53	2.0	
IS65-40-250A	23.4	6.5	70	2900	8.74	11	51	2.0	
IS65-40-250B	21.7	6.03	60		7.23	11	49	2.0	172
IS65-40-250	12.5	4.47	20		1.42	2.2	48	2.0	
IS65-40-250A	11.7	3.25	17.5	1450	1.21	2.2	46	2.0	
IS65-40-250B	10.8	3.01	15		1.00	1.5	44	2.0	

　　确定所需水泵台数，根据规程规定，正常涌水量排水时，1 台工作、1 台检修、1 台备用。

　　正常工作时排水能力：$Q_{正常} = 1 \times 11.7 \times 20 = 234 m^3/d$

　　最大涌水量排水时，2 台同时工作，其能力为：$Q_{最大} = 2 \times 11.7 \times 20 = 468 m^3/d$

　　正常排水和最大涌水量时排水能力均能满足要求。

　　c　排水管选择

　　（1）排水管所需要的直径

$$d' = (4NQ/3600v)^{1/2}$$

式中，d' 为排水管所需要的直径，m；N 为向排水管中输水的水泵台数，1 台；Q 为一台水泵的流量，11.7m^3/h；v 为排水管中的经济流速，1.2~2.2m/s。

　　计算结果：　　　　$d' = (4 \times 1 \times 11.7/(3600 \times 2.0))^{1/2} = 0.081 m$

　　根据上述计算，$d' = 81mm$，设计排水管选用 $\phi 89 \times 3.5mm$ 的无缝钢管。

　　（2）排水管中水流速度计算

$$v = (4 \times N \times Q)/(3600 \times \pi \times d^2)$$

式中，v 为管中水流速度，m/s；Q 为一台水泵的流量，m^3/h；d 为排水管内径，m；N 为向排水管中输水的水泵台数，1 台。

计算结果：$v = (4 \times 1 \times 11.7)/(3600 \times 3.14 \times 0.89^2) = 0.63m/s < 3.0m/s$

d 吸水管直径的选择

吸水管直径一般比水泵出水口直径大 25～50mm，设计吸水管直径选用 $\phi 108 \times 4.0mm$ 的无缝钢管。

吸水管中的水流速度：

$$v = (4 \times Q)/(3600 \times \pi \times d^2)$$

式中，Q 为一台水泵的流量，m^3/h；d 为吸水管内径，m。

计算结果：$v = (4 \times 11.7)/(3600 \times 3.14 \times 0.108^2) = 0.35m/s < 3.0m/s$

e 验算正常涌水期间一昼夜水泵工作时间

$$T_{zh} = Q_{zh}/Q_g$$

式中，Q_{zh} 为矿井正常涌水量，m^3/d；Q_g 为一台水泵的流量，m^3/h。

计算结果：$\qquad T_{zh} = 225/11.7 = 19.23h/d$

f 水泵轴功率的计算

$$N_{zh} = (H_{dan} \times Q_{dan} \times \rho s \times g)/(3600 \times 1000 \times \eta_{dan})$$

式中，N_{zh} 为水泵轴功率，kW；H_{dan} 为一台水泵的扬程，m；Q_{dan} 为一台水泵的流量，m^3/h；ρs 为矿井水的密度，kg/m^3；g 为重力加速度，9.8；η_{dan} 为水泵效率，查表 2-41。

计算结果：$N_{zh} = (70 \times 11.7 \times 1020 \times 9.8)/(3600 \times 1000 \times 0.36) = 6.31kW$

C 排水工程设计

排水工程由井底水仓、水泵房、配电室、管子井构成。

水泵房靠近井底平车场布置，断面尺寸及长度按水泵外形尺寸及各种安全距离计算得到。

水仓设计为两个独立的巷道，两条水仓总容积，按 1330m 中段 8h（6～8h）的正常涌水量（75m^3）设计，其中最小一个水仓（内水仓）的容积，按 3h（2～4h）的井下正常涌水量 28.1m^3设计。水仓断面为三心拱，宽 2m，高 2.4m。外水仓长 50m，内水仓长 36m。

井下排水系统见图 2-28，水仓布置图详见图 2-29。

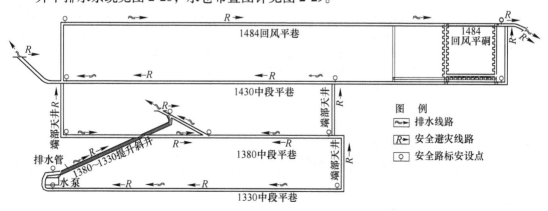

图 2-28 马鹿塘铅锌矿排水系统与避灾线路规划图

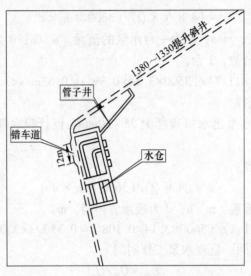

图 2-29　马鹿塘铅锌矿井底水仓布置图

2.4.4　井下避灾线路规划

　　根据安全规程及设计规程：每个矿井至少应有两个独立的直达地面的安全出口，安全出口的间距应不小于30m。每个生产水平（中段），均应至少有两个便于行人的安全出口，并应同通往地面的安全出口相通。井巷的分道口应有路标，注明其所在地点及通往地面出口的方向。马鹿塘铅锌矿井下避灾线路详见图 2-28。

 习　题

1. 安全规程对矿井安全出口方面有哪些要求？
2. 提升运输系统、通风系统以及排水系统设计，任务书见表 2-42。

表 2-42　提升运输系统、通风系统以及排水系统设计任务书

任务名称	提升运输系统、通风系统以及排水系统设计
任务描述	根据矿山原始资料，结合 2.1 节习题 6 设计的采矿方法、2.2 节习题 5 所设计的开拓系统以及 2.3 节习题 4 所确定的生产能力等，试对该矿山 II 号矿体开采时的提升与运输系统进行设计、对提升与运输设备进行选型并计算、对该矿山通风系统进行规划并进行设计和相关计算、对该矿山排水系统进行设计及计算、对矿山井下避灾线路进行规划
最终成果	矿山提升运输系统设计说明书； 矿山通风系统设计说明书； 矿山排水系统设计说明书； 矿山通风系统规划图； 矿山排水系统与避灾线路规划图
设计要求	每人独立完成； 完成任务总学时：6 学时

2.5 矿区总平面布置

矿山地面总平面布置是矿山开发过程中的一项设计工作，在矿山建设中居于重要地位。无论是新建矿山，还是改建、扩建矿山，均需要有完善的地面总体布置，为矿山建设和生产奠定良好的基础。矿山地面总体布置其实质是对矿山地面设施进行规划与设计。矿山企业总平面布置要符合《工业企业总平面设计规范》（GB 50187）和《工业企业设计卫生标准》的相关要求。

2.5.1 总平面布置相关规定

矿山总体布置不仅要实用，能满足生产、生活的需要，而且要与环境相协调，符合美观和环境卫生的要求。具体要求如下：

（1）总平面布置应节约集约用地，提高土地利用率。

（2）居住区宜集中布置，居住区应位于向大气排放有害气体、烟、雾、粉尘等有害物质的工业企业全年最小频率风向的下风侧。在山坡地段布置居住区时，宜选择在不窝风的阳坡地段。

（3）行政办公及生活服务设施的布置，应位于厂区全年最小频率风向的下风侧，应布置在便于行政办公、环境洁净、靠近主要人流出入口、与城镇和居住区联系方便的位置；行政办公及生活服务设施的用地面积，不得超过工业项目总用地面积的7%，办公生活区周边应留有15~20m 宽的绿化带。

（4）废石场、排土场应位于居住区和厂区全年最小频率风向的上风侧。

（5）机车、车辆修理设施的布置，应位于机车作业较集中、机车出入较方便的地段，并应避开作业繁忙的咽喉区；汽车修理设施，应根据其修理任务和能力布置，可独立布置在厂区外，也可与汽车库联合布置，并应有相应的车辆停放和破损车斗、轮胎等堆放场地。

（6）矿山用电铲、钎凿设备等检修设施，宜靠近露天采矿场或井（硐）口布置，并应有必要的露天检修和备件堆放场地。

（7）仓库与堆场，应根据贮存物料的性质、货流出入方向、供应对象、贮存面积、运输方式等因素，按不同类别相对集中布置，并为运输、装卸、管理创造有利条件，且应符合国家现行的防火、防爆、安全、卫生等工程设计标准的有关规定。

（8）场地设计标高的确定，应满足防洪水、防潮水和排除内涝水的要求，应与所在城镇、相邻企业和居住区的标高相适应，应方便生产联系、运输及满足排水要求，应使土（石）方工程量小，填方、挖方量应接近平衡、运输距离应短。

（9）挖方场地的台阶坡脚至建筑物、构筑物的距离应满足采光、通风、排水及开挖基槽对边坡或挡土墙的稳定性要求，且不应小于2m；填方场地台阶坡顶至建筑物、构筑物的距离，应考虑建筑物、构筑物基础侧压力对边坡或挡土墙的影响，位于稳定土坡顶上的建筑物、构筑物，当垂直于坡顶边缘的基础底面边长小于或等于3m 时，其基础底面外边缘线至坡顶的水平距离不得小于 2.5m。

（10）在地面横坡陡于 1∶1.5 的山坡上填方时，应将原地面挖成台阶，台阶宽度不宜小于 1m。

（11）场地应有完整有效的雨水排水系统。场地雨水的排除方式可选择暗管、明沟或地面自然排渗等方式。

（12）排水明沟，宜采用矩形或梯形断面。明沟起点的深度，不宜小于 0.2m，矩形明沟的沟底宽度不宜小于 0.4m，梯形明沟的沟底宽度不宜小于 0.3m。明沟的纵坡，不宜小于 0.3%；在地形平坦的困难地段，不宜小于 0.2%。按流量计算的明沟，沟顶应高于计算水位 0.2m 以上。

（13）截水沟至边坡顶的距离，不宜小于 5m。当挖方边坡不高或截水沟铺砌加固时，截水沟至边坡顶的距离，不应小于 2.5m。

（14）工业企业绿地率宜控制在 20% 以内，改建、扩建的工业企业绿化绿地率，宜控制在 15% 范围内。

（15）压缩空气站应位于空气洁净的地段，应避免靠近散发爆炸性、腐蚀性和有害气体及粉尘等场所，并应位于散发爆炸性、腐蚀性和有害气体及粉尘等场所全年最小频率风向的下风侧；压缩空气站的朝向应结合地形、气象条件，使站内有良好的通风和采光；贮气罐宜布置在站房的北侧；压缩空气站属于产生高噪声的生产设施，宜相对集中布置在远离人员集中和有安静要求的场所。

（16）油料仓库应设计在远离生产用水的地方，其距离应大于 30m，以免泄露、污染水源，并应尽可能地接近主要用户。

（17）工业场地竖向布置，可根据自然地形条件、场地和车间的性质、生产工艺的要求、运输方式来选择。一般情况下，在场地面积充裕和地形条件许可时，宜采用一个台阶，即平坡式布置；在地形和面积受到限制时，可采用两个或多个台阶，即阶梯式布置，应将生产性质、动力需要、卫生条件相同的车间和联系密切的建筑物、构筑物配置在同一台阶上。在平坦地区布置工业场地，其纵轴宜与地形等高线稍成角度以便于场地排水；坡地布置工业场地，其纵轴宜顺地形等高线布置，以减少土方工程量和基础深度，并改善运输条件。工业场地的最小坡度应不小于 5‰，以满足排水的要求。而生产车间或厂房内地平标高应高于室外标高 0.2~0.3m 以上，其基础埋深一般为 1~2.5m。

2.5.2 矿区总平面布置

下面以马鹿塘铅锌矿为例，介绍地下矿山总平面布置的方法和步骤。

2.5.2.1 总平面项目确定

矿山总平面布置一般包括采矿工业场地（又包括坑口工业场地、集中采矿工业场地等）、废石场、运输线路、防排水设施、行政福利设施和生活区等项目。有的矿山还要设置选矿工业场地、尾矿库及爆破器材库等项目。各项目的场地组成及建筑物、构筑物的配置应根据生产、生活要求而设置，如地下矿山集中采矿工业场地内可布置坑木加工房、锻钎机房、机修汽修车间、材料仓库及发房室、值班室等，坑口工业场地根据坑口的服务功能不同可分别布置通风机房、提升机房、压气房、配电房、坑口值班室等项目，办公生活区可设置办公室、矿区医院或卫生保健室、化验室、幼儿园、职工食堂、浴室、生产用锅炉房、卫生间等。

总图工程应绘制总平面布置图来反映各总图项目，总平面布置图应将各坑口及坑口工业场地、采矿工业场地、办公生活区、废石场、高位水池、运输公路及防排水设施等项目的位置、场地面积及标高、总图工程量等信息反映清楚。

马鹿塘铅锌矿属于小型地下矿山，其总图工程项目包括：1430m、1380m中段平硐口及坑口工业设施，1484m回风平硐口及坑口工业设施，集中采矿工业场地，办公生活区（原有），废石场，高位水池，运输公路，地表防排水沟，选矿厂（原有）。

2.5.2.2 岩石移动范围圈定

根据矿岩物理力学性质，分别选定矿床上盘、下盘及端部的岩石移动角（参考表 2-10），按选定的岩石移动角分别在地质横剖面图、纵剖面图中绘制岩石移动线，并根据纵、横剖面图圈定的结果，在地形地质平面图（或开拓系统井上井下对照图副本）中将地表岩石移动范围圈定出来。岩石移动范围内不应布置重要的工业设施。

具体圈定地表岩石移动范围的方法：在一些垂直矿体走向的地质横剖面和沿矿体走向的地质纵剖面上，从最低一个开采水平的采空区底板起，按照选定的上、下盘及端部岩石移动角，划出矿体上盘、下盘及矿体走向两端的岩石移动界线。如遇上部岩层（表土）发生变化，则按变化后岩层（表土）的岩石移动角继续向上划作，一直划到地表为止。这样划作后，将在每个剖面上得到岩石移动线与地表线的两个交点，然后将每个剖面图上的这些交点按照投影关系分别投影到地形平面图上的各自对应剖面线上，得到地形平面图上岩石移动范围控制点，再将这些控制点用光滑的曲线依次连接形成闭合的曲线，此闭合曲线便是所圈定的地表岩石移动范围。

马鹿塘铅锌矿矿床上、下盘岩石移动角取65°，端部取70°，地表移动范围圈定结果详见图 2-30。

2.5.2.3 坑口及工业场地布置

将矿山所有通地表的坑口在地形地质图中明显地标示出来，测量出坑口平面坐标，定出坑口高程，并将坑口三维坐标标示出来。

在分析研究各坑口地形、各坑道的服务功能的基础上，定出各坑口应布置的工业设施（各设施的结构由土建人员设计）。

根据坑口工业设施项目及外形尺寸，计算坑口工业场地面积，确定场地标高，规划进、出场地的运输线路。

将各坑口工业设施科学地布置于坑口工业场地内，注意各设施之间的安全、防火距离必须符合《工业企业总平面设计规范》的要求。

马鹿塘铅锌矿各坑口坐标及坑口各工业设施项目详见表 2-43。其布置情况详见图 2-30。

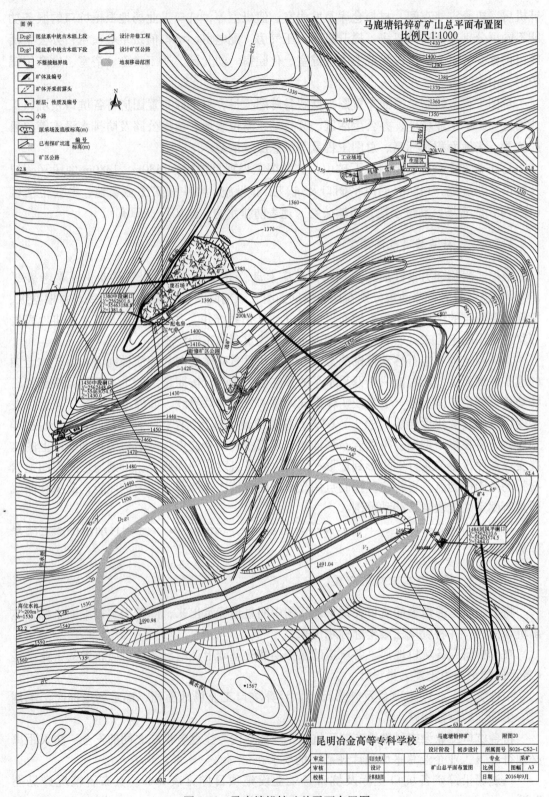

图 2-30　马鹿塘铅锌矿总平面布置图

表 2-43　马鹿塘铅锌矿坑口工业场地设计

坑口名称	坑口坐标	坑口工业设施	场地标高 /m	场地面积 /m²	工程量/m³ （挖方｜填方）
1484m 回风平硐	$X=2562310.6$ $Y=35463574.5$ $Z=1484.0$	风机房 配电房 变压器	1483.8	80	0｜310
1430m 中段平硐	$X=2562448.6$ $Y=35463054.5$ $Z=1430.0$	矿仓 压气房 配电房 值班室 调车场	1429.2	315	405｜690
1380m 中段平硐	$X=2562601.6$ $Y=35463188.8$ $Z=1381.6$	压气房 配电房	1385.0	300	0｜0

2.5.2.4　采矿工业场地布置

采矿工业场地应布置在地势相对平坦且不易受地质灾害影响的地带、交通便利、离坑口较近，相对集中。

经分析比较后，马鹿塘铅矿采矿工业场地选择在矿区北东部原办公室南西部公路边，场地标高 1350m，总占地 950m²，工程量挖方 360m³，填方 410m³。场地内设值班室、坑木加工房、机修房、汽修车间、综合仓库及材料发房室、变压器。

2.5.2.5　办公生活区

办公及生活区应布置在工程地质、环境地质良好地段，地势相对平坦，不易受地质灾害及有毒有害气体、粉尘影响，交通便利，相对集中。不应布置在断层破碎带、滑坡体上，不应布置在废石场全年最高频风向下风向。办公生活区应设办公室、职工宿舍、食堂、厕所、浴室、活动室、医疗卫生设施等。

马鹿塘铅锌矿办公及生活区为已有设施，位于矿区北东部山箐沟底部小平地内，有矿区公路通达，办公楼场地标高 1340m，占地面积 510m²，生活区场地标高 1380m，占地面积 600m²。

2.5.2.6　高位水池

高位水池主要供地下采矿、防尘、设备冷却、消防等用水。有条件的情况下，高位水池应高于最高凿岩标高 60m 以上，以保证有足够的水压。水池容积应根据各种用水量来确定。水池容积应大于 2 天井下总用水量加上消防储备用水量。

马鹿塘铅锌矿高位水池位于矿区原露天采场西面，场地标高 1530m，占地面积 80m²。挖方工程量 12m³。水池直径 10m，容积 200m³。主供水管沿矿区西侧分别接至 1430m 和 1380m 坑口。

2.5.2.7　废石场

废石场用于堆存采掘产生的废土石。废石场应尽量靠近主要运输坑口，利用平地、沟谷等建设，严禁在陡坡上直接排放废石。在沟谷里建设废石场应对基底不良地基、腐质土等进行处理，地形坡度较陡的应先开防滑平台，平台宽不小于 1m。对于光滑基底，可先采用棋盘式布点爆破，增加基底抗滑能力。废石场应有可靠的防洪截水设施，严禁雨水直接冲刷废石场及其边坡。废石场下部应有防滚石措施，以减少对下游环境的影响。

废石场容积应根据其受土总量来确定，考虑一定的冗余量。地下矿废石场一般采用单台阶排放，其设计边坡角不应大于排放岩土的自然安息角。

下面以马鹿塘铅锌矿为例，介绍其废石场布置。

A　废石场容积计算

经计算，本矿山基建期产生废石实方近 0.9947 万立方米。生产期年采掘产生废石 0.4 万~0.5 万立方米，基建及生产期废石总量约为 3.30 万立方米。

控制外排放量为 3.05 万立方米（实方），考虑废石松散系数（$k_{松}$）为 1.5，废石沉降率（$k_{沉}$）为 10%，则废石场需要容积：

$$V_{效} = \frac{V_{实} \times K_{松}}{K_{沉}}$$

式中，$V_{效}$ 为废石场需要容积，m^3；$V_{实}$ 为废石场接收废石实方体积，m^3；$K_{松}$ 为废石松散系数，1.3~1.6；$K_{沉}$ 为岩土沉降系数，硬岩 1.05~1.07，软岩 1.10~1.12，砂和砾岩 1.09~1.13，亚黏土 1.18~1.21，泥灰岩 1.21~1.25，硬黏土 1.24~1.28。

计算结果：

$$V_{效} = \frac{3.05 \times 1.5}{1.1} = 4.16 \text{ 万立方米}$$

废石场的设计容积：

$$V_{容} = K_{余} \times V_{效}$$

式中，$K_{余}$ 为废石场富余系数，1.05%。

计算结果：$V_{容} = 4.16 \times 1.05 = 4.37$ 万立方米。

B　废石场选址

本矿主要运输中段为 1430m 及 1380m 中段。两平硐口前方均为山箐沟，但 1430m 坑口前方箐沟沟底地形较陡，且容积不足以排放矿山所有废石。经比较后，设计在 1380m 中段平硐口前方山箐沟内建设废石场。矿山基建及生产期排出废石除部分用于坑口工业场地建设与整修外，多余部分均集中排于该废石场内。

C　废石场参数设计

根据岩土的组成、物理机械性质以及运输设备条件，设计选定的废石场结构参数如下：

(1) 阶段高度：小于 12m；

(2) 排土作业平台最小宽度：20m；

(3) 采用 2%~3% 的上坡堆置；

(4) 总堆置高度：12m；

(5) 总边坡角：<38°；

（6）堆置标高：1371～1383m；

（7）占地面积：5600m²。

利用设计图纸对废石场容积进行估算，设计废石场理论容积约为4.5万余立方米，可以满足要求。

D 排废工艺与安全设施

矿区废石场采用汽车—前装机联合排废，单台阶堆存。

在废石场坡脚用毛石砌筑挡土墙，以防止废石场滑动。挡土墙垂直箐沟修筑。坝型为浆砌石重力坝，坝底宽3.0m，坝高3.6m（含基础标高0.8m），顶宽1.5m，坝顶长 $L=$ 20m，内坡比1：0.5，M10砌MU40毛石，筑坝工程量 $V=186m^3$。

为了保证安全，防止废石场上部的汇水进入废石场内部引起滑坡和泥石流，在废石场上部修建截洪沟，截洪沟为矩形沟：上宽0.6m，下宽0.6m，深0.6m。同时在公路内侧设置辅助排水沟，截洪沟为矩形沟：上宽0.4m，下宽0.4m，深0.4m。

2.5.2.8 运输公路

矿区内部公路应根据行车密度等设计成不同等级。矿区运输公路的路面宽度应根据车宽、行车道数及错车安全距离、路沿安全距离等综合决定。公路的技术参数（平曲线半径、纵坡、限制坡长、缓和段、超高、竖曲线半径、视距等）应符合本书表3-31的要求。

例：马鹿塘铅锌矿矿区公路设计为三级，1380m中段平硐口现已有公路相通，设计自现有矿区公路修筑三级矿区道路至1484m回风平硐口及1430m中段平硐口，新增公路长900m。路面设计为单车+错车道形式，宽度4.0m，路面结构为泥结碎石路面。道路限制坡长控制在250m以内，最小平曲线半径为12m，道路最大纵坡为10%，平均纵坡为6.5%。

2.5.2.9 防排水设施

地下矿应在开采移动范围周边修筑排水截洪沟，防止雨水、地表径流等通过岩层、裂缝等进入井下，对地下开采造成影响。地表工业设施、场地四周易受水流侵蚀的地段也应设计防排水沟对地表水进行截排。排水沟技术参数设计详见3.3.5.5节内容。

例：马鹿塘铅锌矿地表排水沟主要设置在开采岩石移动范围外以及废石场周边。其断面为矩形断面，宽0.6m、深0.4m，纵坡不小于3%。采用浆砌毛石镶嵌，厚度0.2m。移动范围周边沟长480m，工程量288m³；废石场排水沟长300m，工程量180m³。

2.5.2.10 总图工程量

总图工程量详见表2-44。

表2-44 总图工程量表

	一、工业场地			
1	土石方工程量	m³	2187	
	其中：挖方	m³	777	
	填方	m³	1410	

一、工业场地				
2	挡土墙工程量	m³	120	
3	泥结碎石场地铺砌	m²	600	泥结碎石结构
4	场地绿化面积	m²	120	
5	截洪沟长度	m	480	宽 0.6m，深 0.4m
	开挖工程量	m³	288	宽 1.0m，深 0.6m
	镶嵌工程量	m³	172.8	浆砌毛石厚 0.2m
二、矿区废石场				
1	截洪沟长度	m	300	宽 0.6m，深 0.4m
	开挖工程量	m³	180	宽 1.0m，深 0.6m
	镶嵌工程量	m³	108	浆砌毛石厚 0.2m
2	挡渣坝	m³	186	
三、矿区公路				
1	新增矿区公路长度	m	900	路面宽 4.0m，Ⅲ级
2	道路铺砌面积	m²	3600	泥结碎石路面结构
3	土石方工程量	m³	3600	
	其中：挖方	m³	1800	
	填方	m³	1800	
4	挡土墙工程量	m³	900	

2.5.2.11　总平面布置图

马鹿塘铅锌矿总平面布置图详见图 2-30。

 习　题

1. 地下矿山总图工程项目主要有哪些？
2. 矿山总图工程布置时应注意哪些事项？
3. 怎样确定废石场的设计容积？
4. 矿山总图工程布置，任务书见表 2-45。

表 2-45　矿山总图工程布置任务书

任务名称	矿山总图工程布置
任务描述	根据矿山原始资料，结合前面对该矿山设计的采矿方法、开拓系统、生产能力以及提升运输系统、通风系统、排水系统和安全出口等资料，确定矿山总图工程项目，并对各总图工程项目进行平面布置
最终成果	矿山总平面布置图； 总图工程项目布置说明书； 总图工程量表

任务名称	矿山总图工程布置
设计要求	每人独立完成； 完成任务总学时：4 学时

2.6 基建及采掘进度计划编制

2.6.1 设计基本规定

（1）基建进度计划的编制，应符合下列规定：

1）应加快关键井巷的掘进，必要时可增设措施井巷；

2）同时开动的凿岩机台班数应保持基本平衡；

3）应包含施工准备时间和设备安装调试时间；

4）需疏干的矿山应安排疏干时间；

5）采用新采矿方法或工艺复杂的方法时，应安排试验或试采时间。

（2）井巷成巷速度指标可按表 2-46 选取。

表 2-46 井巷成巷速度指标

井巷名称	井巷成巷速度/m·月$^{-1}$	备 注
竖井	60~80	—
斜井	70~100	—
斜坡道	60~80	—
天井、溜井	60~90	采用天井钻机掘进时可取 120m/月
平巷	100~150	—
硐室	600~900m³/月	—

注：当工程地质条件复杂或井巷断面大或支护率高时取小值，地质条件简单或断面小或支护率低时取大值。

（3）采掘进度计划的编制，应符合下列规定：

1）初期生产地段应按阶段、矿块、采矿方法等排产列表至达产 3 年以上；资料条件不具备时，可采用阶段或块段矿量排产；

2）应合理安排阶段、矿体、矿房与矿柱之间的回采顺序；应实行贫富兼采；

3）在不违反合理回采顺序的条件下，宜先回采富矿。

（4）有色金属矿山的建设工期，不宜超过表 2-47 的规定。

表 2-47 建设工期 （月）

矿山类别	大型矿山	中型矿山	小型矿山
露天矿山	24~36	18~24	12~18
地下矿山	36~48	24~36	18~24

（5）有色金属矿山从投产起至达到设计生产规模的时间，大、中型矿山不宜大于 3 年；小型矿山不宜大于 1 年。

（6）有色金属矿山投产时的年产量与设计年产量的比例，宜符合表 2-48 的规定。

表 2-48　投产时的年产量与设计年产量的比例　　　　　　　（%）

矿山类别	大型矿山	中型矿山	小型矿山
露天矿山	>40	>50	80~100
地下矿山	>30	>40	50~80

注：小型矿山，生产建设规模小时取大值，生产建设规模大时取小值。

（7）矿山生产贮备矿量保有期，宜符合表 2-49 的规定。

表 2-49　生产贮备矿量保有期

贮备矿量级别	露天开采矿山	地下开采矿山
开拓矿量	1~2 年	3~5 年
采准矿量	—	6~12 个月
备采矿量	2~5 个月	3~6 个月

2.6.2　基建及出矿进度计划编制实例

本节以马鹿塘铅锌矿为例，介绍基建及出矿进度计划的编制方法及程序。

2.6.2.1　开采顺序及首采地段确定

A　开采顺序

根据产量分配及矿体产状，设计矿山分为 3 个中段进行开采：1430m 中段、1380m 中段及 1330m 中段。因 V_1 矿体与 V_2 矿体呈上下盘平行产出，相距小于 35m，经地质横剖面图分析，开采下盘矿体会影响到上盘矿体的稳定性。设计确定矿山开采顺序是：

（1）自上而下分中段逐中段开采，即先采 1430m 中段，再采 1380m 中段，最后开采 1330m 中段；

（2）中段内应先采上盘的 V_1 矿体，再采下盘 V_2 矿体；

（3）各矿体沿走向划分采场后退式回采，即从矿体东端向西端后退采。

B　首采段

根据产量及开采顺序要求，首采段确定在 1430m 中段 V_1 矿体，首采采场位于矿体东端第 1 采场，第 2 采场备采。

2.6.2.2　基建范围确定

矿山初期生产确定 1430m 中段 V_1 矿体东端第 1 采场，第 2 采场备采。因此，基建范围为 1484m 中段、1430m 中段开拓工程以及 V_1 矿体东部两个采场的准备工作。基建终了 1430 中段 V_1 矿体需准备 2 个采场，其中 1 个采场开采，另 1 个采场备采。

2.6.2.3　基建工程量

依据基建范围，确定基建范围内的开拓工程、采准及切割工程，计算并汇总其工程量，详见表 2-50。

表 2-50　马鹿塘铅锌矿基建工程量表

工程性质	中段	巷道名称	支护形式	断面/m² 净	断面/m² 掘进	长度/m	掘进工程量/m³	材料消耗 砼/m³	材料消耗 木材/m³	材料消耗 钢材/kg
开拓工程	1484m	运输平硐平巷	10%喷砼	4.94	5.39	443	2392.8	21.6	0	1200
	1430m	运输平硐平巷	10%喷砼	4.94	5.39	685	3614.125	32.625	0	1812.5
		通风行人天井	不支	3.24	3.24	140	324	0	4	1600
小计						1268	8085.62	67.14	8	6930
采切工程	2采场	穿脉运输巷道	不支	4.94	4.94	228	928.72	0	0	846
		采场天井	不支	3.6	3.6	171	720	0	0	0
		矿房联络道	不支	3.24	3.24	72	466.56	0	0	0
		电耙道及联络巷	不支	3.6	3.6	102	748.8	0	0	0
		斗井斗穿及扩漏	不支	3.24/7	3.24/7	20	482.72	0	0	0
		切割平巷	不支	3.6	3.6	88	633.6	0	0	0
小计						681	3980.4	0	0	1800
合计						1949	12066.02	67.14	8	8730

2.6.2.4　基建进度计划编制

根据表 2-50，矿山基建工程量包括新掘开拓工程量 1268m，基建采切工程量 681m，合计 1949m（12066.02m³）。根据总图工程量，设计基建前期准备 2 个月。井巷施工安排 2 个作业队同时施工，运输平硐平巷按 120m/月、天井按 90m/月、采准工程按 100m/月的施工速度计算，再经施工组织计划编制及优化，得出井巷总施工时间为 9 个月。地表设备安装及试车 2～3 月，其他辅助设施建设与开拓同时进行，预计全部基建时间 13 个月。基建工程施工进度计划见表 2-51。

根据开拓系统纵投影图统计，基建工程完成后，三级矿量如下：

开拓矿量：16.82 万吨，服务年限 2.8 年（约 3 年）；

采准矿量：1.45 万吨，服务年限 0.48 年（约 6 个月）；

备采矿量：0.73 万吨，服务年限 0.24 年（约 3 个月）。

基本满足小型矿山"三量要求"。

2.6.2.5　逐年出矿进度计划编制

本矿共采出矿石量 34.27 万吨，金属量 Pb 17571.3t、Zn 28940.0t，出矿品位 Pb 5.13%、Zn 8.44%。矿山出矿能力：6.0 万吨/年，矿山服务年限 7 年，基建期采出矿石 0.6 万吨，第 1 年采出 3.0 万吨，第 2 至第 5 年 100%达产（6 万吨/年），第 6、7 年减产直至闭坑。各矿体各中段出矿进度计划详见表 2-52。

表 2-51 马鹿塘铅锌矿基建进度计划表

工程性质	巷道名称	支护形式	断面/m² 净	断面/m² 掘进	长度/m	进度 /m·月⁻¹	工作队/个	时间/月
开拓工程	1484 回风平巷	10%喷砼	4.94	5.39	443	120	1	3.7
	1430 运输平巷	10%喷砼	4.94	5.39	685	120	1	5.7
	端部天井	不支	3.24	3.24	140	90	2	0.8
	穿脉运输巷道	不支	4.94	4.94	228	120	1	1.9
采切工程	采场天井	不支	3.6	3.6	171	90	2	1.0
	矿房联络道	不支	3.24	3.24	72	100	2	0.4
	电耙道及联络巷	不支	3.6	3.6	102	100	2	0.5
	斗井斗穿及扩漏	不支	3.24/7	3.24/7	20	100	2	0.1
	切割平巷	不支	3.6	3.6	88	100	2	0.5

基建进度计划表（基建时间/月：1～9；工作队：一队、二队）

表 2-52 马鹿塘铅锌矿逐年出矿进度计划表

中段标高/m	矿体编号	采出资源总量 矿石量/万吨	金属/t 铅	金属/t 锌	基建期 矿石量/万吨	铅	锌	第1年 矿石量/万吨	铅	锌	第2年 矿石量/万吨	铅	锌	第3年 矿石量/万吨	铅	锌	第4年 矿石量/万吨	铅	锌	第5年 矿石量/万吨	铅	锌	第6年 矿石量/万吨	铅	锌	第7年 矿石量/万吨	铅	锌
1430	V₁	5.18	2240.85	4000.02	0.60	259.56	463.32	3.00	1297.79	2316.61	1.58	683.50	1220.08															
	V₂	10.56	5824.51	9287.08							4.42	2437.91	3887.21	6.00	3309.38	5276.75	0.14	77.22	123.12									
1380	V₁	2.24	969.02	1729.74													2.24	969.02	1729.74									
	V₂	5.94	3276.29	5223.98													3.62	1996.66	3183.64	2.32	1279.63	2040.34						
1330	V₁	3.77	1632.41	2913.92																3.68	1591.95	2841.71	0.09	40.45	72.21			
	V₂	6.58	3628.28	5785.24																			4.50	2482.03	3957.56	2.08	1146.25	1827.67
合计	V₁+V₂	34.27	17571.35	28939.98	0.60	259.56	463.32	3.00	1297.79	2316.61	6.00	3121.41	5107.29	6.00	3309.38	5276.75	6.00	3042.89	5036.50	6.00	2871.58	4882.06	4.59	2522.49	4029.77	2.08	1146.25	1827.67
	出矿品位/%		5.13	8.44		4.33	7.72		4.33	7.72		5.20	8.51		5.52	8.79		5.07	8.39		4.79	8.14		5.49	8.77		5.52	8.79

习 题

1. 小型地下矿山基建期一般控制在多长时间内？

2. 小型地下矿山投产时的年产量与设计年产量的比例是多少？

3. 简要说说基建进度计划编制步骤。

4. 矿山基建进度计划编制，任务书见表 2-53。

表 2-53 矿山基建进度计划编制任务书

任务名称	矿山基建进度计划编制
任务描述	根据矿山原始资料，结合前面对该矿山设计的采矿方法、开拓系统、生产能力等资料，对矿山Ⅱ号矿体内开采顺序进行规划，确定首采地段，确定基建范围并计算基建工程量，最后编制基建进度计划
最终成果	基建进度计划编制说明书，应包括基建工程量计算表和基建进度计划表
设计要求	每人独立完成； 完成任务总学时：2 学时

3 露天矿山开采系统设计

本篇以玉龙县七别古铁矿（以下简称玉龙铁矿）KT1矿体露天初步设计为例，介绍露天矿山开采系统初步设计要点，包括生产能力的确定与验算、开采境界圈定、开采工艺设计、开拓系统设计及总平面布置。

3.1 生产能力确定与验算

露天矿山生产能力（矿石年产量）一般是由企业决策者根据资源及市场情况初步拟定，由设计单位进行验算后确定。如果企业决策者没有初拟生产能力，设计时可先按下面公式估算，然后再进行验算。

$$A = Q/T \tag{3-1}$$

式中，T 为矿山合理服务年限，a；A 为设计初拟矿山生产能力，t/a；Q 为开采境界内设计可采储量，t。

生产能力验算的目的是验证初拟的生产能力从技术、经济方面是否合理、可行。露天矿生产能力的验算方法有很多，常用的有：按可能布置的挖掘机工作面数验证生产能力、按经济合理服务年限验算生产能力、按采矿工程延深速度验算生产能力等，下面对这三种验算方法做简要介绍。

3.1.1 按可能布置的挖掘机工作面数验证生产能力

（1）首先计算一个采矿台阶可能布置的挖掘机台数：

$$N_{wk} = \frac{L_T}{L_c} \tag{3-2}$$

式中，N_{wk} 为一个采矿台阶可能布置的挖掘机台数，台；L_T 为台阶工作线长度，m；L_c 为单斗挖掘机最小工作线长度（可查表3-1），m。

表 3-1 单斗挖掘机最小工作线长度

铲斗容积/m³	铁路运输/m	汽车运输/m	
		单排孔爆破	多排孔挤压爆破
1~2	200~300	150	100
4	450	200	150
≥8	≥500	≥300	≥200

例：玉龙铁矿KT1矿体属于急倾斜中厚矿体，开采工作线宜沿走向布置，从图上量出矿体走向长约240m，因此采矿台阶工作线长度取240m。拟采用多排孔微差爆破。该矿山生产规模小，属山区地形，宜采用汽车运输，现有2m³挖掘机2台，查表3-1可知挖掘机最小工作线长度为100m。根据式（3-2）计算出一个采矿台阶可能布置的挖掘机台数 N_{wk}

为 2.4 台，向下取整数为 2 台。

（2）然后确定同时采矿台阶数目。根据台阶开沟位置的不同，工作线可从下盘向上盘推进，也可从上盘向下盘推进。图 3-1a 表示工作线从下盘向上盘推进，图 3-1b 表示工作线从上盘向下盘推进。

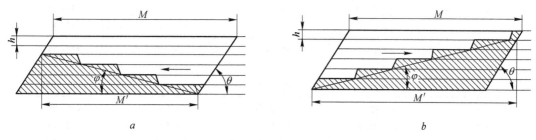

图 3-1　同时工作的采矿台阶数目计算示意图

选定了工作线推进方向后，可根据矿岩稳固性及挖掘设备等预估台阶高度、台阶坡面角等参数，并根据表 3-2 确定最小工作平台宽度。根据矿体水平厚度、倾角等参数绘制如图 3-1 所示的草图即可确定出同时采矿的台阶数。

表 3-2　汽车运输最小工作平台宽度

普氏系数 f	台阶高度/m			
	8	10	12	15
>12	30~32	32~36	36~41	42~48
6~12	27~29	29~31	32~35	38~41
<6	25~27	27~29	30~32	35~38

注：表中数据是针对单排孔爆破时，当采用多排孔微差爆破时，表中数值需增加多排孔所相应增加的爆破带宽度。

例：玉龙铁矿 KT1 矿体稳固性较好，挖掘机斗容为 2m³，可初步确定采矿台阶高度为 10m，采矿台阶坡面角 70°，根据表 3-2 确定出最小工作平台宽度为 29~31m。因本矿 KT1 矿体平均厚仅为 14.46m，只能布置 1 个台阶采矿。

（3）计算露天矿可能的矿石生产能力：

$$A_k = N_{wk} m Q_{wk} \qquad (3-3)$$

式中，A_k 为矿石生产能力，t/a；m 为同时采矿台阶数，个；Q_{wk} 为采矿挖掘机平均生产能力（可查表 3-3），t/a。

单斗挖掘机每立方米斗容年生产能力，也可按表 3-4 选取。

表 3-3　每台挖掘机生产能力推荐参考指标

铲斗容积/m³	计量单位	矿岩硬度系数 f		
		<6	8~12	12~20
1.0	m³/班	160~180	130~160	100~130
	万立方米/年	14~17	11~15	8~12
	万吨/年	45~51	36~45	24~36

铲斗容积/m³	计量单位	矿岩硬度系数 f		
		<6	8~12	12~20
2.0	m³/班	300~330	210~300	200~250
	万立方米/年	26~32	23~28	19~24
	万吨/年	84~96	60~84	57~72
3.0~4.0	m³/班	600~800	530~680	470~580
	万立方米/年	60~76	50~65	45~55
	万吨/年	180~218	150~195	125~165
6.0	m³/班	970~1015	840~880	680~790
	万立方米/年	93~110	80~85	65~75
	万吨/年	279~300	240~255	195~225
8.0	m³/班	1489~1667	1333~1489	1222~1333
	万立方米/年	134~150	120~134	110~120
	万吨/年	400~450	360~400	330~360
10.0	m³/班	1856~2033	1700~1856	1556~1700
	万立方米/年	167~183	153~167	140~153
	万吨/年	500~550	460~500	420~460
12.0~15.0	m³/班	2589~2967	2222~2589	2222~2411
	万立方米/年	233~267	200~233	200~217
	万吨/年	700~800	600~700	600~650

注：表中数据按每年工作 300 天、每天 3 班、每班 8h 作业计算；工作方式均为侧面装车，矿岩容重按 3t/m³ 计算；汽车运输或山坡露天矿采剥取表中上限值，铁路运输或深凹露天矿采剥取表中下限值。

表 3-4 单斗挖掘机每立方米斗容年生产能力   (m³/(m³·a))

运输方式	岩 石 类 别		
	坚硬岩石	中硬岩石	表土或不需爆破的岩石
汽车运输	(15~18)×10⁴	(18~21)×10⁴	(21~24)×10⁴
铁路运输	(12~15)×10⁴	(15~18)×10⁴	(18~21)×10⁴

注：机械传动单斗挖掘机（电铲）宜取低值，液压挖掘机宜取高值。

例：玉龙铁矿 KT1 矿体正常生产时设 1 个采矿台阶，台阶内设 1 台挖掘机铲装，挖掘机斗容为 2m³，根据表 3-3 确定出平均生产能力 210~300m³/班，新矿山取小值，玉龙铁矿设计时取 200m³/班。考虑矿山特殊地理位置及气象条件等，设计年工作 300 天，每天 2 班，计算得到单台挖掘机年生产能力为 45.60 万吨/年，进一步计算得到露天矿可能的矿石生产能力为 91.20 万吨/年，完全能满足初拟的 20 万吨/年生产能力要求。

3.1.2 按经济合理服务年限验算生产能力

对于企业决策者初拟的生产能力，要通过经济合理服务年限验证其合理性。在露天矿境界内矿石工业储量一定的情况下，初拟生产能力的大小，决定了露天矿的理论服务年限的长短，可用以下关系式表示：

$$T = \frac{Q\eta}{A_k(1-\rho)}$$

式中，T 为露天矿理论服务年限，a；Q 为露天矿境界内矿石工业储量，t；η 为矿石的采矿回收率，%；ρ 为矿石贫化率，%。

在校验露天矿生产能力时，如果根据初拟的年产量按上式求得的理论服务年限，符合规定的经济合理服务年限要求，则说明该年产量在经济上是合理的；反之，是不合理的，因为这时露天矿的设备、建筑物等固定资产，除采装运输设备和部分可拆移的设备外，均将提前废弃。此外，若选矿厂、冶炼厂附近不能及时开发出新矿源接续供矿，则也将提前废弃，这在经济上亦是不合理的。

各种生产规模露天矿山的经济合理服务年限可参阅表 2-17。

采用这种方法进行校验时，必须先求出露天开采境界内的矿石工业储量。露天开采境界内的矿石工业储量需要在圈定出露天开采境界后方可计算出来，此处可暂作预估。

3.1.3 按采矿工程延深速度验算生产能力

$$A = PV\eta/[h(1-e)]$$

式中，A 为露天矿山可能达到的生产能力，万吨/年；P 为代表性的水平分层矿量，万吨；V 为矿山工程延深速度，m/a；h 为台阶高度，m；η 为采矿回收率，%；e 为矿石贫化率，%。

按年下降速度验证露天采场生产能力时，年下降速度宜符合表 3-5 的规定，采用陡帮开采、分期开采。投产初期台阶矿量少下降速度快的矿山，可按新水平准备时间确定下降速度。

表 3-5 露天矿山工程年下降速度 (m/a)

运输方式	类别	下降速度
汽车运输	山坡露天矿	24~36
	凹陷露天矿	18~30
铁路运输	山坡露天矿	12~15
	凹陷露天矿	8~12

注：采剥工艺简单、开拓工程量较小或采用横向开采、短沟开拓时，可取大值。

例：在计算玉龙铁矿可能达到的生产能力时，选择 3265~3275m 水平分层进行代表性验算，该分层内矿石量 11.91 万吨，矿山工程延深速度根据表 3-5 取 18m/a，台阶高度为 10m，采矿回收率暂按 95% 计算，矿石贫化率暂取 5%，计算可能的矿石年生产能力如下：

$$A = (11.91 \times 18 \times 0.95)/[10 \times (1-0.05)] = 21.44 \text{ 万吨／年}$$

验证结果表明玉龙铁矿露天开采能实现 20 万吨/年的矿山生产能力。

 习 题

1. 露天矿山生产能力验算方法有哪些？
2. 生产能力确定与验算，任务书见表 3-6。

表 3-6　生产能力确定与验算任务书

任务名称	生产能力确定与验算
任务描述	根据矿山原始资料，特别是矿山Ⅰ号矿体现保有资源量，确定矿山工作制度和合理的矿山生产规模，并采用 3 种方法对其生产能力进行验算
最终成果	矿山生产能力确定与验算说明书
设计要求	每人独立完成； 完成任务总学时：2 学时

3.2　开采境界圈定

对于埋藏较浅的矿床，可根据矿床赋存情况选择开采方式：（1）矿床上部采用露天开采而下部采用地下开采；（2）矿床全部采用露天开采。这两种情况都要求确定合理的露天开采境界，特别是露天开采深度。

露天开采境界是由露天矿的底部周界、露天矿场的最终边坡和露天开采深度三个要素组成的。露天开采境界的设计，即是指正确合理地确定这 3 个要素。

下面以玉龙铁矿 KT1 矿体露天开采境界的确定过程为例，介绍露天开采境界的圈定方法及过程。

3.2.1　计算经济合理剥采比

经济合理剥采比是经济上允许的最大剥采比，是确定露天开采境界的重要指标。可用比较法和价格法来计算经济合理剥采比。比较法是以露天开采和地下开采的经济效果做比较来计算经济合理剥采比的，用以划分矿床露天开采和地下开采的界线，又分为采出矿石成本比较法、最终产品成本比较法以及储量盈利比较法；价格法是用露天开采成本和矿石价格做比较来计算经济合理剥采比的，用于矿床只宜露天开采的情况（如矿石价值低，采用地下开采不经济的矿床）。

从玉龙铁矿 KT1 矿体地质横剖面图分析，浅部宜采用露天开采，深部宜采用地下开采。根据已收集到的技术经济数据，选用采出矿石成本比较法计算经济合理剥采比，公式如下：

$$n_j = \frac{\gamma(C_D - a)}{b}$$

式中，n_j 为经济合理剥采比，m^3/m^3；a 为露天开采的纯采矿成本（不包括剥离），元/t；b 为岩土的剥离成本，元/m^3；γ 为矿石容重（密度），t/m^3；C_D 为采用地下开采的直接采矿成本，元/t。

根据玉龙铁矿附近其他类似露天矿山收集到的资料：露天开采其矿石直接开采成本为 15.3 元/t，岩土剥离成本约为 16.8 元/m^3，如果采用地下开采（分段空场法），则采矿直接成本约为 62.4 元/t，矿石容重 3.8t/m^3。将上述数据代入上式，求得经济合理剥采比 n_j = 10.65m^3/m^3。

3.2.2 确定境界参数

3.2.2.1 露天开采境界的确定原则

玉龙铁矿 KT1 矿体直接出露地表，矿体连续，生产规模小，宜采用境界剥采比（n_k）不大于经济合理剥采比（n_j）的原则确定露天开采境界，以保证企业经济效宜最佳，即 $n_k \leqslant n_j$。

3.2.2.2 确定露天采场最小底宽

从矿山采剥工程的要求来看，露天采场的底宽相当于开段沟掘沟宽度，其宽度取决于掘沟方法及采掘设备，可查表 3-7 进行选取。

表 3-7 露天采场最小底宽参考值

运 输 方 式	装载设备	运输设备	最小宽度/m
铁路运输	人工或 1m³ 以下挖掘机	窄轨（轨距 600mm）	10
	1m³ 挖掘机	窄轨（轨距 762mm、900mm）	10
	4m³ 挖掘机	准轨（轨距 1435mm）	16
汽车运输	1m³ 挖掘机	10t 及以下汽车	16
	4m³ 挖掘机	10t 以上汽车	20

玉龙铁矿采用 10t 自卸汽车运输，挖掘机铲斗容积为 2m³，根据表 3-7 确定采场最小底宽为 16m。

3.2.2.3 确定台阶参数

A 台阶高度

台阶高度的确定应符合表 3-8 的规定。

表 3-8 台阶高度设计规定

矿岩性质	采掘作业方式		台阶高度/m
松软的岩土	机械铲装	不爆破	不大于机械的最大挖掘高度
坚硬稳固的矿岩		爆破	不大于机械的最大挖掘高度的 1.5 倍
砂状的矿岩	人工开采		不大于 1.8
松软的矿岩			不大于 3.0
坚硬稳固的矿岩			不大于 6.0

玉龙铁矿 KT1 矿体围岩属于坚硬稳固的岩类，需采用爆破落矿，机械铲装。根据表 3-8 的规定，台阶高度不大于挖掘机最大挖掘高度的 1.5 倍。挖掘机最大挖掘高度为 7.6m，计算得到台阶高度不大于 11.4m。综合考虑各方面因素后，设计台阶高度取 10m。

B 台阶坡面角

台阶坡面角宜按表 3-9 的规定选取。

表 3-9　台阶坡面角设计参考值

普氏系数 f	14~8	7~3	2~1
台阶坡面角/(°)	75~70	65~60	60~45

注：表中取值可根据节理、裂隙和层理等发育条件及逆边坡方向或顺边坡方向进行调整。

玉龙铁矿矿岩普氏系数 $f=8\sim10$，设计台阶坡面角取 70°。

C　平台宽度

根据设计规范：安全平台宽度不应小于 3m；最终台阶并段时，可不设安全平台；每隔 2~3 个安全平台应设一个清扫平台。人工清扫时，清扫平台宽度不应小于 6m；机械清扫时，清扫平台宽度应按设备要求确定，但不应小于 8m；露天矿最终边坡采用多台阶并段时，并段数不应大于 3 个台阶。

玉龙铁矿设计台阶高度为 10m，设计安全平台宽度取 3m，采用人工清扫，清扫平台宽度取 6m，每隔 2 个安全平台设置 1 个清扫平台，开采终了台阶不并段。

3.2.2.4　确定露天采场最终边坡角

露天采场终边坡角的大小，对于边帮的稳定性强弱及剥岩量的大小均有着重要的影响作用。最终边坡角越小，则边坡的稳定性越好，但剥岩量越大；反之边坡的稳定性降低，剥岩量减小。所以合理地确定最终边坡角，既要保证边帮的稳定，又要使剥岩量尽可能少。

根据上节所确定的台阶参数，初步绘制边坡示意草图，如图 3-2 所示，在图中可量出终了边坡角，并与表 3-10 中规定的相关边坡角限值进行比较，量测值应尽可能接近并略小于表中限值，以求在保证安全的前提下使剥岩量尽可能最小。如果设计角度值偏大，则需重新调整台阶设计参数，如可通过加宽安全平台或清扫平台宽度、降低台阶坡面角等方式进行调整。如果设计角度值比表 3-10 中规定限值小很多（这样剥岩量会增大），则要缩小平台宽度或加大台阶坡面角，必要时对终了台阶进行并段处理。通过对以上相关参数的反复调整，直到符合规定的最终边坡角限值为止，确定出最终的台阶参数。

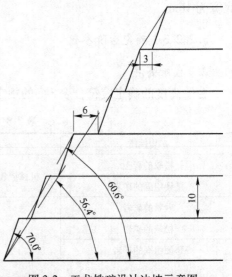

图 3-2　玉龙铁矿设计边坡示意图

玉龙铁矿 $f=8\sim10$，矿岩坚硬，稳固性中等至好，初步估计其终了边坡小于 90m。根据表 3-10 查出边坡角限值为 50°~60°。在图 3-2 中，当终了边坡只有 3 个台阶时其终了边坡角在 60.6°，当终了边坡增加至 6 个台阶时其终了边坡角在 56.4°，符合要求，不需对设计的台阶参数进行调整。

表 3-10 边坡角的经验参考值

岩石类别	普氏系数	岩石名称	台阶坡面角		高度为下列值时的稳定边坡角			
			工作面	非工作面	<90m	90~180m	180~240m	240~300m
极硬	15~20	最坚硬致密的石英岩、玄武岩及其他极硬岩石，特别硬的花岗岩、石英斑岩，矽质页岩、各种石英岩，极硬的砂岩和石灰岩	80°~90°	75°~85°	60°~68°	57°~65°	53°~60°	48°~54°
坚硬	8~14	密质的花岗岩，特硬砂岩及石英岩脉，特硬铁矿，石灰岩，不坚硬的花岗岩、硬砂岩，硬大理岩、白云岩、黄铁矿	70°~80°	70°~75°	50°~60°	48°~57°	45°~53°	42°~48°
中硬	3~7	普通砂岩、铁矿、砂质页岩、片状砂岩，坚硬黏土质页岩，非坚硬砂岩、石灰岩、软岩、各种页岩、致密泥灰岩	60°~70°	60°~65°	43°~50°	41°~48°	39°~45°	36°~42°
软	1~2	侏罗纪黏土，软质灰炭纪黏土，油性黏土，含有小碎石和砾石的重砂质黏土，漂砾土，片状黏土，块度达90mm砾石	45°~60°	45°~60°	30°~43°	28°~41°	26°~39°	24°~36°
极软	0.5~0.9	软油性黏土，轻重砂质黏土，湿的松散黄土，种植土泥炭，腐殖土，砂腐殖土，含小碎石的砂质	35°~45°	25°~40°	21°~30°	20°~25°		

3.2.3 圈定境界

3.2.3.1 确定露天矿开采深度

玉龙铁矿 KT1 矿体属于长露天矿开采，利用地质报告提供的 5 个地质横剖面和 1 个纵剖面来确定露天采场的设计开采深度（即采场底部标高），其步骤如下：

（1）分别在 3 号、1 号、0 号、2 号和 4 号地质横剖面图上初步确定几个露天开采深度，再按设计的终了边坡角和最小底宽等参数在各横剖面图上绘制各个开采深度对应的开采境界，如图 3-3 所示。当矿体埋藏条件简单时，深度方案取得少一些；矿体复杂时，深度方案多取些，并且必须包括境界剥采比有显著变化的深度。需要注意矿体厚度与最小底宽不一致时，应合理调整采场底部与矿体之间的相对水平位置。

（2）分别求出各深度方案对应的境界剥采比（可采用面积法或线段比法），填入各剖面经济合理开采深度确定的表格中，例如表 3-11 是玉龙铁矿 3 号横剖面经济合理开采深度确定表格。在该表中，可根据插值法（亦可在 EXCEL 软件中直接采用 FORECAST 函数进行计算）求出该横剖面的经济合理开采深度（标高），并将其填入表中最下一行对应的单元格中。玉龙铁矿有 5 个横剖面，共需制作 5 张这样的表格。

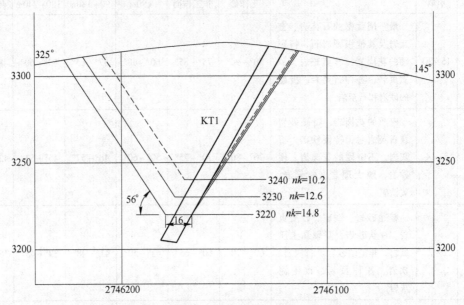

图 3-3　玉龙铁矿 3 号横剖面开采深度初步确定

表 3-11　玉龙铁矿 3 号横剖面经济合理开采深度确定表

3 号剖面经济合理开采深度			
开采深度	m	剥采比	m^3/m^3
H_1	3240	nk_1	10.2
H_2	3230	nk_2	12.6
H_3	3220	nk_3	14.8
经济合理开采深度	3238	经济合理剥采比	10.65

（3）在地质纵剖面图（或纵投影图）上，按各地质横剖面初步确定的经济合理开采深度，绘制出露天矿理论上的经济开采底平面，它是一条不规则的折线（图 3-4 中虚线）。为了便于布置运输线路，露天矿的底平面应尽量调整至同一标高。当矿体埋藏深度沿走向变化较大，而且最终底长度满足运输要求时，其底平面也可调整成阶梯形。调整的原则是使少采出的矿岩量与多采出的矿岩量基本平衡，并使剥采比尽可能小，图 3-4 中粗实线就是调整后的设计开采深度，即露天采场底部标高。

3.2.3.2　绘制露天矿底部周界

（1）按调整后的露天开采深度，在各地质横剖面及纵剖面上绘制最终确定的露天采场底部。

（2）将各横剖面、纵剖面上确定的露天采场底部边界各控制点对应到地形地质平面图上，得到露天采场底部周界的各控制点。

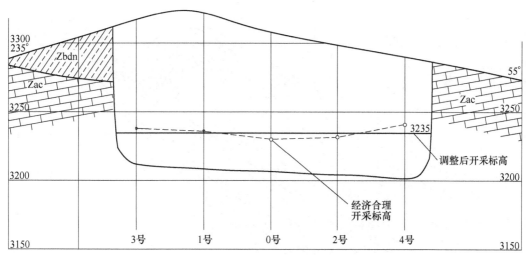

图 3-4 玉龙铁矿开采深度调整

（3）连接露天采场底部周界各控制点，得出理论上的底部周界。

（4）根据运输等设备转弯要求，对理论底部周界尚需修正，修正的原则是：

1）底部周界要尽量平直，弯曲部分要满足运输设备对曲率半径的要求；

2）露天采场底部的长度应满足运输线路要求，特别是采用铁路运输的矿山，其长度要保证列车正常出入工作面。调整后的底部周界，就是最终设计周界。

3.2.3.3 绘制露天矿开采终了平、剖面图

绘制露天矿开采终了平、剖面图的步骤是：

（1）在绘有底部周界的地形地质图上，从底部周界开始，由里向外依次绘出各个台阶的坡面、运输坑线以及台阶平台。绘制时，要注意倾斜运输沟道（出入沟）和各台阶坡顶线、坡底线的连接。还应经常用地质纵、横剖面图来校核境界与矿体边界的关系，使圈定范围的矿石量多而剥岩量少。此外，各水平的周界还要满足运输工作的要求。

（2）检查和修改上述露天开采境界，由于在绘图过程中，原定的露天开采境界，常受开拓线路影响而有变动，因而需要重新计算境界剥采比和平均剥采比，检查它们是否合理；如果差别大，就要重新确定境界。此外，上述境界还要根据具体条件进行修改。例如境界内有高山峻岭时，为了大幅度减小剥采比，就需要避开高山部位。又如，当境界外所剩矿量不多，若全部采出所增加的剥采比又不大，则宜扩大境界，全部用露天开采。

（3）将露天开采境界内部的地形等高线、地层界线等进行修剪，得到露天采场开采终了平面图，如图 3-5 所示。

（4）根据开采终了平面图，分别在各横剖面图、纵剖面图上绘制开采终了台阶，得到露天采场开采终了横、纵剖面图，如图 3-6、图 3-7 所示。

3.2.3.4 绘制分层平面图

根据开采纵、横剖面图以及开采终了平面图，绘制各开采分层平面图，如图 3-8 所示。分层平面图上必须有分层矿体界线、分层台阶坡顶线、台阶坡底线，以便于测量分层内矿、岩面积，为后面计算分层矿、岩量以及编制采剥进度计划提供依据。

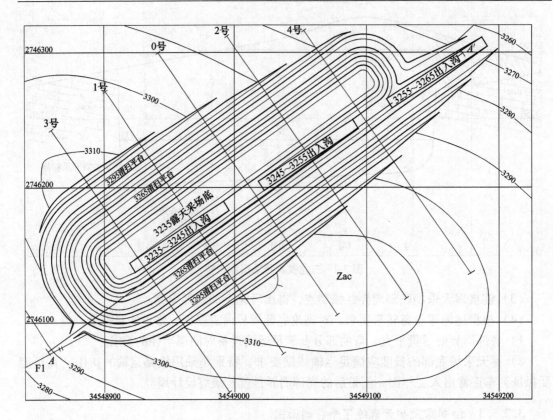

图 3-5　玉龙铁矿 KT1 矿体露天开采终了平面图

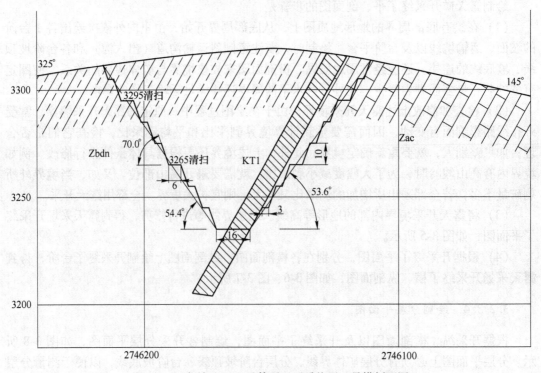

图 3-6　玉龙铁矿 KT1 矿体露天开采终了 3 号横剖面图

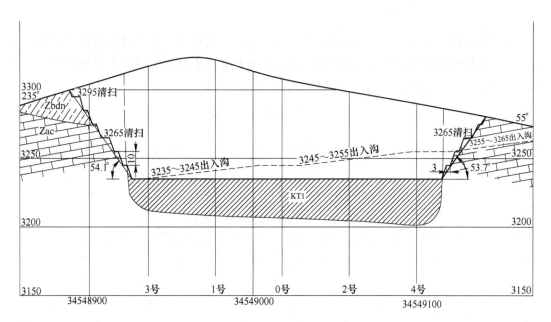

图 3-7 玉龙铁矿 KT1 矿体露天开采终了纵剖面图

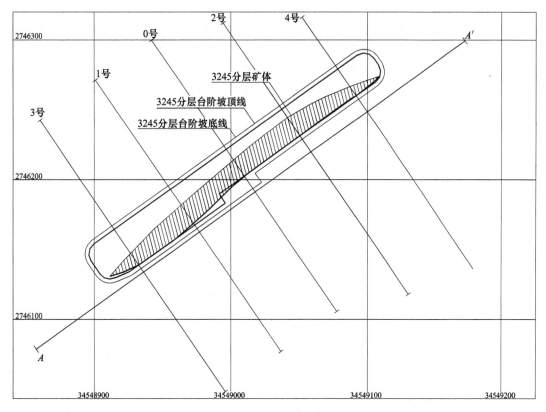

图 3-8 3245 分层平面图

3.2.3.5 计算境界内矿、岩量

在绘制好的各分层平面图上，量测出各分层内矿、岩面积，然后可采用台体计算各分层内矿、岩体积以及分层剥采比等指标。汇总各分层矿、岩量可得到开采境界内矿、岩总量，并可计算出平均剥采比：

$$V = \frac{1}{3}h(S_a + S_b + \sqrt{S_a S_b})$$

式中，V 为台阶矿岩体积，m^3；h 为台阶高度；S_a 为台阶下底面积，m^2；S_b 为台阶上底面积，m^2。

玉龙铁矿境界内矿、岩量计算详见表 3-12。

表 3-12 玉龙铁矿境界矿量计算表

标高 /m	下底总面积 /m^2	上底总面积 /m^2	下底矿石面积 /m^2	上底矿石面积 /m^2	台阶高 /m	分层矿岩总量 /m^3	分层矿石量 /m^3	分层岩石量 /m^3	分层剥采比 /$m^3 \cdot m^{-3}$
3235~3245	4004	6615	3008	3064	10	52551.7	30359.6	22192.1	0.73
3245~3255	8515	11276	3064	3076	10	98632.4	30700.0	67932.5	2.21
3255~3265	13286	16488	3076	3122	10	148582.2	30989.7	117592.5	3.79
3265~3275	21118	22683	3122	3146	10	218958.4	31339.9	187618.5	5.99
3275~3285	24932	24261	3146	3175	10	245957.4	31604.9	214352.5	6.78
3285~3295	25319	21750	3175	2886	10	235119.2	30293.5	204825.6	6.76
3295~3305	25601	19834	2886	1768	10	226562.5	23042.9	203519.7	8.83
3305~3315	18640	12878	1768	1042	10	156704.7	13891.0	142813.7	10.28
3315~地表	6839	0	1042	0	11.5	39324.3	5991.5	33332.8	5.56
合计					91.5	1422392.7	228212.9	1194179.8	5.23
							867209.2t	3104867.4t	3.58t/t

3.2.3.6 填写境界特征参数表

统计或利用图纸测量开采终了境界特征参数，将其特征值填入境界特征参数表中，玉龙铁矿境界特征参数详见表 3-13。

表 3-13 玉龙铁矿境界特征参数表

序号	项目		参数
1	最终边坡台阶高度/m		10
2	终了台阶坡面角/(°)	上盘	70
		下盘	70
		端部	70
3	安全平台宽度/m		3
4	清扫平台宽度/m		6

续表 3-13

序 号	项 目		参 数
5	场内运输沟道及运输平台宽度/m		8
6	露天底最小宽度/底部长度/m		16/245
7	采场底部标高/m		3235
8	最高采剥点标高/m		3326.5
9	终了边坡最高点标高/m		3319.0
10	采场最大边坡高度/m		84
11	终了边坡角/(°)	上盘	54.3~55.2
		下盘	53.1~54.2
		端部	53.7~54.1
12	采场最大长度/最大宽度/m		385/140
13	采场性质		山坡+凹陷
14	境界内矿石量/t(m³)		867209(228213)
15	境界内岩土量/t(m³)		3104867(1194180)
16	境界内矿、岩总量/t(m³)		3972977(1422393)
17	平均剥采比/t·t⁻¹(m³·m⁻³)		3.58(5.23)

 习 题

1. 什么是经济合理剥采比？怎样计算经济合理剥采比？
2. 露天矿开采境界参数有哪些？
3. 露天采场最终边坡角是怎样确定的？简要说说其步骤。
4. 说说露天矿开采境界圈定的步骤。
5. 露天矿开采境界圈定，任务书见表 3-14。

表 3-14 露天矿开采境界圈定任务书

任务名称	露天矿开采境界圈定
任务描述	根据矿山原始资料，计算Ⅰ号矿体开采时的经济合理剥采比，确定Ⅰ号矿体露天开采境界参数，圈定其露天开采境界
最终成果	露天开采终了平面图； 开采境界设计横剖面图； 开采境界设计纵剖面图； 开采境界圈定说明书
设计要求	每人独立完成； 完成任务总学时：6 学时

3.3　开采工艺设计

3.3.1　穿孔工艺

3.3.1.1　穿孔设备选择

穿孔设备选择需考虑矿山的生产规模、矿岩物理力学性质、台阶参数等因素。对于大型、特大型矿山一般采用牙轮钻机穿孔，中小型矿山可选用潜孔钻机。孔径与生产规模的匹配关系见表 3-15。

表 3-15　露天矿山穿孔设备匹配方案

设备名称		小型露天矿	中型露天矿	大型露天矿	特大型露天矿
穿孔设备	潜孔钻机（孔径）/mm	≤150	150~200	150~200	
	牙轮钻机（孔径）/mm	150	250	250~310	310~380（硬岩）；250~310（软岩）

例：玉龙铁矿设计年产铁矿石 20 万吨（5.26 万立方米），平均体积剥采比 5.4m³/m³，年均剥离废石 71.5 万吨（27.5 万立方米），年采剥总量 91.5 万吨（32.9 万立方米），属于小型露天矿山，设计选用孔径小于等于 150mm 的潜孔钻机穿孔，如 KQ-150 型潜孔钻机。

3.3.1.2　穿孔设备计算

钻机数量可按下式计算确定：

$$N = \frac{Q}{qP(1-e)} \tag{3-4}$$

式中，N 为钻机台数，台；Q 为设计的矿山生产规模，m³/a；P 为钻机台年穿孔效率，m/（台·年）；q 为每米炮孔的爆破量，m³/m；e 为废孔率，%。

每米炮孔的爆破量可根据设计的爆破孔网参数进行计算，也可参考表 3-16 进行选取。

表 3-16　每米炮孔爆破量参考值

钻机型号		段高 10m				段高 12m				段高 15m			
		f				f				f			
		4~6	8~10	12~14	15~20	4~6	8~10	12~14	15~20	4~6	8~10	12~14	15~20
KQ-150	底盘抵抗线/m	5.5	5.0	4.5		5.5	5.0	4.5					
	孔距/m	5.5	5.0	4.5		5.5	5.0	4.5					
	排距/m	4.8	4.4	4.0		4.8	4.4	4.0					
	孔深/m	12.64	12.64	12.64		14.77	14.77	14.77					
	米孔爆破量/m³·m⁻¹	20.86	17.33	14.13		21.42	17.80	14.51					

钻机型号		段高 10m				段高 12m				段高 15m			
		f				f				f			
		4~6	8~10	12~14	15~20	4~6	8~10	12~14	15~20	4~6	8~10	12~14	15~20
KQ-200	底盘抵抗线 /m	6.5	6.0	5.5	5.0	7	6.5	6.0	5.5	7	6.5	6	5.5
	孔距/m	6.5	6.0	5.5	5.0	7	6.5	6.0	5.5	7	6.5	6.5	5.5
	排距/m	5.5	5.0	4.5	4.0	6	5.5	5	4.5	6	5.5	5	4.5
	孔深/m	12.64	12.64	12.64	12.64	14.77	14.77	14.77	14.77	17.96	17.96	17.96	17.96
	米孔爆破量 /m³·m⁻¹	28.56	24.14	20.03	16.33	34.3	29.32	24.76	20.57	35.26	30.16	25.45	21.14
KQ-250	底盘抵抗线 /m		8.5	8.0	7.5		9	8.5	8		9.5	9	8.5
	孔距/m		6.5	6.0	5.5		7	6.5	6		7.5	7	6.5
	排距/m		5.5	5	4.5		6	5.5	5		6.5	6	5.5
	孔深/m		11.3	11.6	12.0		13.56	13.92	14.4		16.95	17.4	18
	米孔爆破量 /m³·m⁻¹		35.61	29.56	24.01		41.3	34.69	28.57		47.41	40.23	33.55

米孔爆破量 KQ-200 单位为 $\text{m}^3 \cdot \text{m}^{-1}$

钻机台班穿孔效率可根据经验数据选取、类比相似矿山或查表 3-17 选取。

表 3-17 部分潜孔钻机的台班穿孔效率 　　　(m/(台·班))

矿岩普氏硬度 f	KQ-100	KQ-150	KQ-170	KQ-200	KQ-250
4~8	32	32	32	35	37
8~12	25	25	25	30	30
12~16	18	20	20	22	24
16~18	—	15	15	18	20

废孔率：孔径 150mm 时取 7%，孔径为 200mm 时取 6%，孔径为 250mm 时取 5%，孔径为 310mm 时取 4%。

例：玉龙铁矿年采剥总量 91.5 万吨（32.9 万立方米），考虑 1.4 的采剥不均衡系数，年最大采剥总量可达 128.1 万吨（46.1 万立方米）。

玉龙铁矿设计台阶高度 10m，矿岩普氏系数 f=8~12，查表 3-16 可得每米炮孔爆破量为 14.13~17.33m³/m，平均取 16.8m³/m。采用 KQ-150 型潜孔钻机穿孔，台班效率查表 3-17 取 25m/(台·班)，年工作 300 天，每天工作 2 班，则可计算出钻机台年穿孔效率为 15000m/(台·年)。废孔率取 7%，根据式（3-4）计算得到钻机数量为：

$$N = \frac{461000}{16.8 \times 15000 \times (1 - 0.07)} = 1.97 \text{ 台}$$

向上取整，取 2 台。

3.3.2　爆破工作

3.3.2.1　孔网参数

（1）底盘抵抗线。采用倾斜孔爆破的矿山，其底盘抵抗线按下式计算：

$$W = 0.024d + 0.85$$

式中，W 为底盘抵抗线，m；d 为炮孔直径，mm。

例：玉龙铁矿采用倾斜孔，倾角 70°，底盘抵抗线 $W = 0.024×150 + 0.85 = 4.45$m。

（2）炮孔间距和排距。

$$a = mW$$
$$b = (0.9 \sim 0.95)W$$

式中，a 为炮孔间距，m；b 为炮孔排距，m；m 为邻近系数，$m = 1.0 \sim 1.4$；W 为底盘抗坑线，m。

例：玉龙铁矿孔间距 $a = 1.1×4.45 = 4.9$m；$b = 0.9×4.45 = 4.0$m。设计孔间距取 5.0m，排间距取 4.0m。

（3）超深与孔深。钻孔超深可按下式计算或按钻孔直径的 8～12 倍选取。

$$l' = (0.05 \sim 0.30)W$$

式中，l' 为钻孔超深，m；W 为底盘抵抗线，m。

例：玉龙铁矿钻孔超深 $l' = 0.27×4.45 = 1.2$m。炮孔总深按下式计算：

$$L = h/\sin\alpha + l'$$

式中，L 为炮孔总深，m；h 为台阶高度，m；α 为台阶倾角，(°)。

例：玉龙铁矿钻孔总深 $L = 10/\sin70° + 1.2 = 11.8$m。

3.3.2.2　单位炸药消耗量和每孔装药量

单位炸药消耗量 q，可按表 3-18 选取。玉龙铁矿岩石普氏系数 8～10，根据表 3-18 单位炸药消耗量暂取 0.45kg/m³。

表 3-18　单位炸药消耗量

普氏系数 f		<8	8～12	12～16
单位炸药消耗量 /kg·m⁻³	岩石	<0.45	0.45～0.5	0.5～0.55
	矿石	0.45～0.5	0.5～0.55	0.55～0.6

每个炮孔的装药量可采用体积计算式计算，即：

$$Q = qWah$$

式中，Q 为每个炮孔的装药量，kg。

例：玉龙铁矿每孔装药量 $Q = 0.45×4.45×5×10 = 100.1$kg。

3.3.2.3　炮孔填塞长度

孔口堵塞长度为 (0.7～0.8)W。玉龙铁矿孔口堵塞长度 $= 0.8×4.45 = 3.56$m，取 3.5m。

每孔装药量计算完后，应验算各炮孔装药段的容积是否能容纳计算的装药量，验算方法是：用炮孔总长减去堵塞长度后得到装药长度，用装药长度乘以炮孔断面积即可求出炮孔装药体积，用炮孔装药体积除以炸药密度，即可求出炮孔能装的炸药重量，与设计的装药量进行比较就可知道炮孔是否能容纳设计的装药量。如果炮孔无法容纳设计的装药量，则需要重新对孔网参数进行调整（调小）以减少每孔装药量。

3.3.2.4 微差间隔时间

微差间隔时间的选取，需要考虑矿岩性质、爆破抵抗线、降震要求和起爆器材等因素，金属与非金属露天矿山常用的微差间隔时间为 25~75ms 之间，坚硬矿岩取小值，软岩可选取大值。例如玉龙铁矿岩石属坚硬岩，微差间隔时间取 25ms。

3.3.2.5 起爆顺序与网络

金属与非金属露天矿山实施中深孔爆破时常采用的起爆顺序有：依次逐排起爆法、斜线起爆法、波形起爆法、中间掏槽起爆法和逐孔起爆法。逐孔爆破技术由于单段起爆药量小，对周边环境影响小，近年来得到广泛使用。

例：玉龙铁矿设计采用逐孔微差导爆管网络起爆，孔间微差 25ms，孔底采用 400ms 延期雷管起爆。为避免前排孔起爆后影响后排孔的正常传爆，每排孔数控制在 8 个以内，以保证前排第一个起爆孔与后排最后一个起爆孔之间的微差间隔时间小于 400ms，其起爆网络如图 3-9 所示。

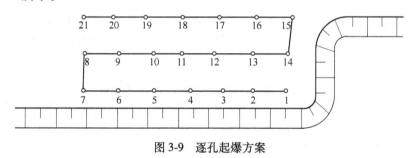

图 3-9 逐孔起爆方案

3.3.2.6 一次起爆炮孔数及总药量

（1）一次爆破炮孔数，根据年采剥总量进行计算：

$$N_b = \frac{A_z}{n q_s K}$$

式中，N_b 为一次爆破炮孔数，个；A_z 为年采剥总量，m^3；n 为采剥工作面数，个；q_s 为实际每个炮孔爆破量，m^3/孔；K 为每个工作面每年爆破次数。

例：玉龙铁矿按年最大采剥总量 128.1 万吨（46.1 万立方米）计算，设计安排 2 个剥离工作面和 1 个采矿工作面同时开采，每个工作面每 7 天爆破一次。年工作 300 天，则可计算出每个工作面每年需要爆破 43 次，设计按 40 次计算。则一次爆破炮孔数为：N_b = 461000÷（3×200×40）= 19.2 个，取 20 个。

（2）一次爆破总装药量：

$$Q_z = QN_b$$

例：玉龙铁矿一次爆破总装药量 $Q_z = 100.1 \times 20 = 2002\text{kg}$。

3.3.3　铲装工艺

3.3.3.1　铲装设备选择

铲装设备规格需与矿山生产规模配套，其关系可参考表3-19。

表 3-19　露天矿山铲装设备匹配方案

设备名称		小型露天矿	中型露天矿	大型露天矿	特大型露天矿
挖掘设备	单斗挖掘机（斗容）/m³	1~2	1~4	4~10	≥10
	前装机（斗容）/m³	≤3	3~5	5~8	8~13

例：玉龙铁矿属小型露天矿山，综合考虑原有设备，设计选择2m³挖掘机负责采剥铲装任务。

3.3.3.2　铲装设备计算

矿山所需挖掘机台数可计算为：

$$N = \frac{A}{Q_w}$$

式中，N 为挖掘机台数，台；A 为矿山年采剥总量，万立方米/年；Q_w 为挖掘机台年效率，万立方米/年，可通过计算或参考表3-20挖掘机每台年生产能力来选取挖掘机，并要考虑效率降低因素。

表 3-20　每台挖掘机生产能力推荐参考指标

铲斗容积/m³	计量单位	矿岩硬度系数 f		
		<6	8~12	12~20
1.0	m³/班	160~180	130~160	100~130
	万立方米/年	14~17	11~15	8~12
	万吨/年	45~51	36~45	24~36
2.0	m³/班	300~330	210~300	200~250
	万立方米/年	26~32	23~28	19~24
	万吨/年	84~96	60~84	57~72
3.0~4.0	m³/班	600~800	530~680	470~580
	万立方米/年	60~76	50~65	45~55
	万吨/年	180~218	150~195	125~165
6.0	m³/班	970~1015	840~880	680~790
	万立方米/年	93~100	80~85	65~75
	万吨/年	279~300	240~225	195~225
8.0	m³/班	1489~1667	1333~1489	1222~1333
	万立方米/年	134~150	120~134	110~120
	万吨/年	400~450	360~400	330~360

铲斗容积/m³	计量单位	矿岩硬度系数 f		
		<6	8~12	12~20
10.0	m³/班	1856~2033	1700~1856	1556~1700
	万立方米/年	167~183	153~167	140~153
	万吨/年	500~550	460~500	420~460
12.0~15.0	m³/班	2589~2967	2222~2589	2222~2411
	万立方米/年	233~267	200~233	200~217
	万吨/年	700~800	600~700	600~650

注：表中数据按每年工作300天、每天3班、每班8h作业计算；工作方式均为侧面装车，矿岩容重按3t/m³计算；汽车运输或山坡露天矿采剥取表中上限值，铁路运输或深凹露天矿采剥取表中下限值。

例：根据玉龙铁矿所选挖掘机铲斗容积及矿岩硬度系数等，查表3-20并考虑一定的效率降低因素，初步确定挖掘机生产能力为200m³/（台·班），由此计算得到一台挖掘机的年效率，12万立方米/年。年最大采剥总量46.1万立方米/年，需要挖掘机4台。

3.3.3.3 铲装工艺方式

装载机械铲的工作方式有如下几种：

（1）侧面平装车，向布置在挖掘机所在水平的铁路车辆或自卸汽车装载；

（2）侧面上装车，向上水平铁路车辆或自卸汽车装载；

（3）端工作面尽头式平装车，掘沟时挖掘机在掘沟工作面前端向沟内车辆装载；

（4）捣堆作业，将矿岩挖掘并进行有序集堆，以便于前端式装载机铲装。

运输工具向与挖掘机布置在同一水平上的侧面平装车装载，铲装条件好，调车方便，挖掘机生产能力较高，特别适合于采用汽车运输的露天矿山正常铲装作业。

例：玉龙铁矿采用2m³挖掘机铲装，10t自卸汽车运输，设计采用侧面平装车方式铲装，其采剥工艺图见图3-10。挖掘机站在爆破岩堆端部，沿工作线走向方向进行铲挖，挖掘向内侧（图中右侧）最大铲挖角小于90°，向外侧（图中左侧）最大铲挖角小于30°。运输汽车（空车）在工作面采用回返式调车，后退入挖掘机侧方（图中左侧），车头向后，装载完成后（重车）直进式驶离装载工作面。工作面候车数量不少于1辆，以提高挖掘机有效铲装时间。在欠车时，挖掘机可进行平台清理与整修、矿岩集堆等辅助作业。

3.3.4 运输工艺

3.3.4.1 运输设备选择

对于中小型露天矿山以及运输距离小于3km的露天矿山，宜选择机动灵活、调运方便、爬坡能力强的自卸汽车作为主要运输设备。大型、特大型露天矿以及运输距离较远的矿山，宜采用铁路机车作为主要运输设备。特殊条件下（如开采高差大）可采用胶带运输机运输。

运输设备与运输量（生产规模）要相匹配，其关系详见表3-21。

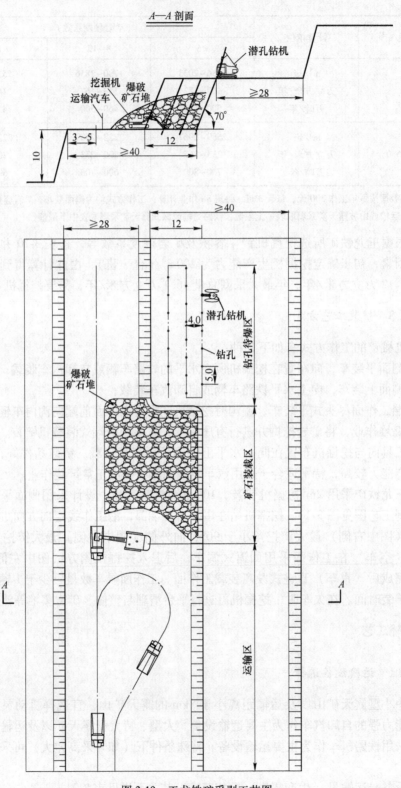

图 3-10　玉龙铁矿采剥工艺图

表 3-21 露天矿山运输设备匹配方案

设备名称		小型露天矿	中型露天矿	大型露天矿	特大型露天矿
运输设备	自卸设备（载重）/t	≤15	<50	50~100	>100
	电机车（黏重/t）	<14	10~20	100~150	150
	翻斗车	<4m³	4~6m³	60~100t	100t
	钢绳芯带式输送机（带宽）/mm	800~1000	1000~1200	1400~1600	1800~2000

选用自卸汽车作为运输设备的矿山，其载重量还应与挖掘机斗容配比，其关系见表 3-22。合理的配比可以保证汽车装满系数，提高自卸汽车的载重利用系数从而提高运输效率。自卸汽车的载重利用系数不宜小于 0.90，当载重利用系数小于 0.90 时，应加大自卸汽车的车斗容积。自卸汽车载重量与挖掘机铲斗装载量的比例，宜为 3∶1~6∶1。

表 3-22 自卸汽车载重量与挖掘机斗容配比

汽车载重吨级/t		7	15	20	32	45	60	100	150
挖掘机斗容/m³		1	2.5	2.5	4	6	6	10	16
装车斗数/斗	物料松散密度 2.2t/m³	4	3	4	4	4	5	5	5
	物料松散密度 1.8t/m³	5	4	5	5	5	6	6	6

例：玉龙铁矿年总最大运输量为 128.1 万吨，废石平均运距 1.6km，矿石平均运距为 1.2km，挖掘机斗容为 2m³，现有 4 辆 10t 自卸汽车。综合各方面因素，设计仍采用 10t 自卸汽车负责矿、岩运输任务。估算汽车载重量与挖掘机铲斗装载量的比例为 3∶1。

3.3.4.2 运输设备计算

设备的数量应按计算年矿岩量进行计算，基建期的设备数量不应大于生产期的设备数量。另外需注意：

（1）计算运输设备数量时，运输量的不均衡系数宜按下列规定选取：

1）公路运输取 1.05~1.15；

2）准轨铁路运输取 1.10~1.15；

3）窄轨铁路运输取 1.15~1.20。

（2）运矿汽车出车率宜为 65%~85%。

（3）其运输时间利用系数：三班制取 75%，二班制取 80%，一班制取 90%。

（4）运输时间根据平均运输距离除以汽车平均行驶速度计算得出，汽车平均行驶速度可查表 3-23 选取。

表 3-23 汽车运行平均速度 v 参考值 （km/h）

道路等级	汽车载重量/t		
	≤7	10~20	≥25
Ⅰ	22~25	18~20	15~18
Ⅱ	20~22	16~18	12~15
Ⅲ	16~18	14~16	10~12
移动线	12	10	8

（5）装车时间可查表 3-24 选取。

（6）卸车时间及调停时间可根据工程类比法选取，设计时卸车时间和调停时间可暂按 3min 选取。

（7）汽车载重利用系数应取 0.9~1.05。

表 3-24　挖掘机装车时间参考值　　　　　　　　　　（min）

铲斗容积/m³	自卸汽车载重量/t								
	3.5	5	7	10	15	20	25	32	40
0.5	$\frac{3.0}{3.5}$	$\frac{4.0}{4.5}$							
1.0	$\frac{1.5}{1.5}$	$\frac{2.0}{2.0}$	$\frac{3.0}{3.5}$	$\frac{3.5}{4.0}$					
2.0		$\frac{1.5}{1.5}$	$\frac{1.5}{1.5}$	$\frac{2.0}{2.0}$	$\frac{3.0}{3.0}$	$\frac{4.0}{4.5}$			
3.0				$\frac{1.5}{1.5}$	$\frac{2.0}{2.0}$	$\frac{2.5}{3.0}$	$\frac{3.0}{3.5}$	$\frac{3.5}{4.5}$	
4.0					$\frac{1.5}{1.5}$	$\frac{2.0}{2.0}$	$\frac{2.5}{3.0}$	$\frac{3.0}{3.5}$	$\frac{3.5}{4.5}$

例：玉龙铁矿运输汽车数量计算时，按年产铁矿石 20 万吨和年平均剥离废土石 71.5 万吨计算，其计算过程详见表 3-25。

表 3-25　玉龙铁矿运输车辆计算表

序号	项　目		单位	矿石	岩石	总计	备　注
1	年运输量		万吨	20	71.5	91.5	平均年运输量
2	工作班制	年工作天数	d	300	300		
		天工作班数	班	2	2		
		班工作时数	h	8	8		
3	班运输量		t	333.3	1191.7	1525	
4	时间利用系数 K_1		%	80	80		三班制取 75%，二班制取 80%，一班制取 90%；
5	班纯工作时间		min	384	384		
6	平均车速		km/h	15	15		
7	平均运距		km	1.2	1.6		
8	装车时间		min	4	4		经验
9	运输时间		min	9.6	12.8		= 60 × 2 × (7) ÷ (6)
10	卸车时间		min	3	3		经验
11	调停时间		min	3	3		经验
12	周转一次时间		min	19.6	22.8		以上 4 个时间的总和
13	汽车额定载重量		t	10	10		
14	汽车载重利用系数 K_2		%	1	1		在 0.9~1.05 之间选取
15	每辆汽车班运输能力		t/班	195.92	168.42	348.30	= (5) ÷ (12) × (13) × (14)
16	汽车数量（不含备用）		辆	1.70	7.08	9.52	= (3) ÷ (15)

序号	项 目	单位	矿石	岩石	总计	备 注
17	运输不均衡系数 K_3	%	1.1	1.1		在 1.05~1.15 之间选取
18	出车率 K_4	%	0.7	0.7		在 0.65~0.85 之间选取
19	汽车总数量（含备用）	辆	2.67	11.12	13.79	=(16)×(17)÷(18)

根据上表计算，玉龙铁矿矿、岩运输总共需要配备 14 辆 10t 自卸汽车，其中 2 辆专用于矿石运输，11 辆专用于废石运输，另 1 辆灵活调运。

3.3.5 排土工艺

3.3.5.1 排土场位置选择

排土场位置的选择应符合下列规定：

（1）排土场应首先选择利用露天采空区进行内排土，当无条件内排时宜靠近露天采场地表境界以外设置。

（2）应选择在地质条件较好的地段，不宜设在工程地质或水文地质条件不良的地段。

（3）应保证排土场不致因滚石、滑坡、塌方等威胁采矿场、工业场地、厂区、居民点、铁路、道路、输电线路、通讯光缆、耕种区、水域、隧道涵洞、旅游景区、固定标志及永久性建筑等安全。

（4）应避免排土场成为矿山泥石流重大危险源，必要时，应采取保障安全的措施。

（5）应符合相应的环保要求，并应设在居住区和工业建筑常年最小频率风向的上风侧和生活水源的下游。含有污染源的废石的堆放和处置，应按现行国家标准《一般工业固体废物储存、处置场污染控制标准》（GB 18599）的有关规定。

（6）应利用沟谷、荒地、劣地，不占良田、少占耕地，宜避免迁移村庄。

（7）有回收利用价值的岩土，应分别堆存，并应为其创造有利的装运条件。

（8）排土场最终坡底线与相邻的铁路、道路、工业场地、村镇等之间的安全防护距离，应符合现行国家标准《有色金属矿山排土场设计规范》（GB 50421）等的有关规定。

（9）排土场的总容量，应能容纳矿山所排弃的全部岩土。排土场宜一次规划、分期实施。

（10）排土场应根据所在地区的具体条件进行复垦。复垦计划应全面规划、分期实施。

地基坡度对排土场的稳定性关系很大，排土场的地基坡度宜在 24°以内；当地基坡度大于 26°时，必须进行必要的稳定验证，并采取相应的措施，以保证排土场的整体稳定，这种地基坡度下的高阶段排土场，更应特别慎重。

例：玉龙铁矿露天采场走向长度较短，无内部排土的可能性，设计采用外排土。按汽车运输对运距的要求，首先在采场四周 3km 范围内选择场址。从矿区地形图观察，在采场南面有一小箐沟，上部快接近山脊部位，谷深 105m 左右，汇水面积很小（约 0.25km²），底部较平缓，下游环境简单，无重要建筑设施及村寨、水体等，设计选择在此处建设一排土场，见图 3-11。排土场基底岩石以灰白、浅黄色厚层状粗粒长石石英砂岩夹安山质凝灰岩为主，f=8~10，稳固性中等至好。岩性致密坚硬，块状构造，结晶现象明显，岩石坑压强度 32.9~89.2MPa，平均 56.8MPa，内聚力 5.1~14MPa，平均 8.5MPa，内摩擦角 24.5°~43.8°，平均 38.0°，软化系数 0.69。

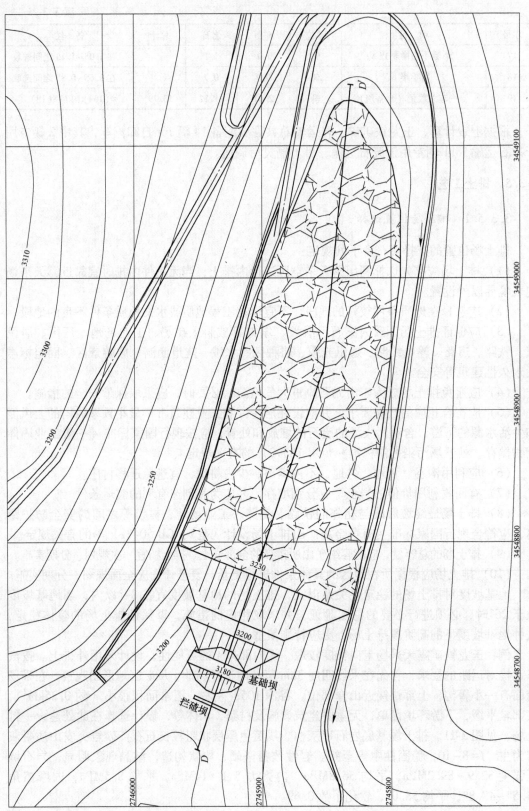

图 3-11　玉龙铁矿排土场平面布置图

3.3.5.2 排土工艺设计

（1）排土方式选择。排土工艺与露天矿运输方式有密切联系。根据露天矿采用的运输方式和排土设备的不同可分为：汽车运输-推土机排土；铁路运输-挖掘机排土、排土犁排土、前装机排土；带式排土机排土等。对于采用公路汽车运输的矿山，宜采用汽车+推土机排土。

例：玉龙铁矿采用10t自卸汽车运输，设计采用推土机排土、边缘排土和场地排土相结合。

（2）排土作业参数：

1）排土场工作平台宽度计算：

$$A = C + 2(R + L) + F$$

式中，A 为排土最小平盘宽度，m；C 为大块石滚落距离，m；R 为自卸汽车转弯半径，m；L 为自卸汽车长度，m；F 为自卸汽车后桥中心至台阶边线距离，2m。

例：玉龙铁矿排土场工作平台宽度 $A = 10 + 2 \times (10 + 7) + 2 = 46$m。

2）排土工作线长度：排土工作线长度 L，应考虑卸载、平整和备用的需要，按同时翻卸的汽车数量确定，即：

$$L = nb' \tag{3-5}$$

式中，b' 为卸载时每台汽车占用的工作线长度，一般为 30~40m；n 为同时卸载的汽车数，按下式计算：

$$n = Nt/T \tag{3-6}$$

式中，N 为实动排土汽车数，辆；T 为汽车运行周期，min；t 为每辆汽车的调车和翻卸时间，min。

对于大中型露天矿山，考虑备用和维护时，排土线的总长 L_z 应为：

$$L_z = 3L$$

例：根据表3-25，玉龙铁矿实动排汽车数为7辆，汽车运行周期为22.8min，每辆汽车的调车和翻卸时间为6min。代入式（3-6）可计算出同时卸载的汽车数 $n = 7 \times 6/22.8 = 1.84$ 辆，取2辆。再代入式（3-5）可求得排土工作线长度 $L = 2 \times 30 = 60$m，矿山规模小，不设备用和维护排土线，即排土线的总长为1条排土工作线长度（60m）。

3.3.5.3 排土设备计算

排土场主要设备为推土机，型号及台套根据排土量决定。所需推土机数量（台）可计算为：

$$N_t = \frac{V_t K_p K_t}{Q_t}$$

式中，V_t 为需要推土机推送岩土实方体积，m³/班，一般为排土总量的 20%~40%；K_p 为岩土松散系数，1.3~1.5；K_t 为设备检修系数，1.2~1.25；Q_t 为推土机班生产能力（松方），m³/班。

例：玉龙铁矿设计每班运往排土场土石实方量458m³，汽车运输时推排土方量按总量的40%计算，约184m³，设计选用 T-140 型推土机，推土机额定生产能力180m³/班，岩土松散系数取 1.5，设备检修系数取 1.2，经计算推土机数量（台）数为 1.84 台，设计取 2 台。

3.3.5.4　排土场参数设计

（1）排土场需要容量计算：

$$V_{效} = \frac{V_{实} \times K_{松}}{K_{沉}}$$

式中，$V_{效}$ 为排土场需要容积，万立方米；$V_{实}$ 为设计需排入排土场内的实方岩土体积，万立方米；$K_{松}$ 为岩土松散系数，1.3~1.5；$K_{沉}$ 为岩土在排土场内的沉降系数，硬岩 1.05~1.07，软岩 1.10~1.12，砂和砾岩 1.09~1.13，亚黏土 1.18~1.21，泥灰岩 1.21~1.25，硬黏土 1.24~1.28。

例：玉龙铁矿 $V_{效} = \dfrac{119.4 \times 1.5}{1.12} = 160.0$ 万立方米。

（2）排土场设计容积：排土场设计容积应略大于需要容积，可计算为：

$$V_{容} = K_{余} \times V_{效}$$

式中，$V_{容}$ 为排土场设计容积，万立方米；$K_{余}$ 为废石场富余系数。

例：玉龙铁矿 $V_{容} = 1.05 \times 160.0 = 168.0$ 万立方米。

（3）设计排土场容积计算。排土场容积计算类同于露天开采境界台阶矿、岩量计算，公式参考 3.2.3.5 节。

例：玉龙铁矿排土场各分层容量计算结果见表 3-26，排土场容积可达 168 万立方米，可满足矿山整个生产期间排土需求。

表 3-26　玉龙铁矿排土场容积计算表

标高范围	高度/m	下底面积/m²	上底面积/m²	容积/m³
3230~3220	10	39960	44631	422739.90
3220~3210	10	34837	39960	373692.25
3210~3200	10	27248	34837	309649.05
3200~3190	10	23378	29079	261767.15
3190~3172	18	11869	23378	311427.21
合计	58	—	—	1679275.56

（4）边坡参数：

1）排土台阶高度。汽车运输，可采用单台阶或多台阶排土。台阶高度由岩土力学性能决定，可按公式（3-7）进行计算，一般不宜大于 30m。

$$H = \frac{10^{-4} C \cot\varphi}{\gamma} \left[\tan^2\left(45° + \frac{\varphi}{2}\right) e^{\pi\tan\varphi} - 1 \right] \tag{3-7}$$

式中，H 为第一台阶最大堆高，m；C 为基底岩土的黏结力，岩土综合分析为 2.0×10^4Pa；φ 为基底岩土的内摩擦角，取 18.0°；γ 为排土场物料的容重，由平均取样为 1.85t/m³。

例：玉龙铁矿根据初选的排土场位置及容积计算结果，在地形图中进行排土场设计，堆放标高宜设置在 3172~3230m 标高范围内，总高差达 58m，设计排土场共分 2 层进行排放，第一层排放高度 3172~3200m，第二层排放高度 3200~3230m。

2）排土台阶坡度、终了边坡角。排土场的台阶坡面角一般按接近或小于岩土的自然安息角进行设计，岩土自然安息角可参考表 3-27 选取。

例：玉龙铁矿排土物料以灰岩、白云岩为主，岩石内摩擦角 24.5°~43.8°，平均 38.0°，因此排土场台阶坡面角按 38°进行设计，排土场最终边坡角根据有关设计规范控制在 33.5°以内，排土场边坡参数详见图 3-12。

表 3-27 岩土自然安息角参考值

岩 土 类 别	岩土自然安息角/(°)		
	最大	最小	平均
砂质片岩（角砾、碎石）与砂黏土	42	25	35
砂岩（角砾、碎石、块石）	40	26	32
片岩（角砾、碎石）与砂黏土	43	36	38
片岩	43	29	38
石灰岩（碎石）与砂黏土	45	27	34
花岗岩	—	—	37
石灰质砂岩	—	—	34.5
致密石灰岩	—	—	36.5~32
片麻岩	—	—	34
云母片岩	—	—	30

3）排土场马道宽度。排放终了各台阶之间保持一定的超前关系，形成一定宽度的马道。马道宽度由设计排土场终了边坡角及台阶坡面角来决定，由于台阶坡面角基本等于岩土的自然安息角，马道越宽、终了边坡角就越陡。

例：玉龙铁矿排土台阶坡面角为 38°，需要控制终了边坡角在 33.5°以内，经图纸绘制并量测得其马道（3200m 台阶）宽度需要设计为 12m。

3.3.5.5 排土场构筑物设计

A 拦碴设施

根据规定，排土场应修建拦碴工程，主要包括基础坝和拦碴坝。

排土场下方需预先采用岩土建筑基础坝，要求压实度≥95%，在基础坝前方需设置拦碴坝用于拦挡滚石。

a 基础坝

为防止排土过程中沙土顺沟流失和阻挡滚石，同时稳定后期排土场边坡，在堆置体坡脚应设置拦挡坝，并用干砌块石护坡。

　　例如玉龙铁矿基础坝设计技术参数为：采用碾压式堆石坝，坝顶高程为 3180m，坝底高程 3172m，坝高 8m，坝顶长 44.5m（从设计图上量出），坝顶宽 10m，坝底宽 26.2m（从设计图上量出），上游坡比为 1∶1.5，下游坡比为 1∶1.5。根据排土场岩土工程勘察建议，选取粉质黏土层作为坝基，坝基的最大清基深度为 3.0m，平均清基深度为 1.0m，堆石料需采用刚从矿山开采的岩石（块石），其软化系数应≥0.8。

　　排土场基底（基础坝）承载能力验算：以玉龙铁矿为例，根据其排土场岩土工程资料，排土场基底较为稳定。软弱地基排土场应控制第一台阶高度，对地基堆载预压，提高地基承载力。台阶最大堆高可按式（3-7）计算。

　　经计算得台阶最大堆高 $H = 17.5$m。设计该排土场第一层基础坝堆筑高度 8m，小于上述计算值，地基处于最大的承载能力之内，基底稳定可靠。排土场在相邻台阶之间留设平台，减小排土场总体边坡角，使排土场总体边坡角小于其自然安息角，增加排土场的稳定性。

　　b　拦碴坝

　　排土场除了需设置基础坝以外，还需在基础坝前方（下游）10m 处，采用毛石混凝土砌筑拦碴坝，以防止滚石及排土场滑动。玉龙铁矿拦碴坝主要设计参数为：坝顶标高确定为 3175m，坝底宽 4m，坝顶宽 2m，坝高 6m，坝顶长 27m，采用 M10 浆砌 MU40 毛石结构，筑坝工程量 486m^3。

　　B　排洪设施

　　a　场外排洪设施（截洪沟）

　　截洪沟就是一条在下雨时截留从坡头流下的雨水，并将夹杂泥沙的水引往别处的引水渠。其作用主要是为了截留从坡头流下的雨水。截洪沟将上部汇水区域内的雨水进行拦截，以预防雨水渗入变形体内，确保排土场安全。

　　排土场截洪沟应根据地形及排土场公路布置情况设置在排土场周边，沿地形及公路边侧设置，下出水口应超过排土场下游拦碴坝体一定的安全距离。排土场顶部两侧山坡雨水经截洪沟拦截后外排，场内汇水通过顶面反坡汇集后经临时排水沟或设置在排土场底部的排水暗沟外排。

　　洪峰流量的计算：（1）设计防洪标准。根据工程的性质、特点和未来的服务年限，根据国家防洪标准，防洪设计采用标准为 50 年一遇的清水洪峰流量。（2）计算依据。矿山采矿场、排土场地形图以及本地区的水文、气象和环境地质资料。（3）计算理论的选用。洪峰流量计算依据是"开发建设项目水土保持方案技术规范"（SL203—1998）和近似工程类比方法最大清水洪峰流量计算公式，即：

$$Q_b = 0.278 K i_{50} F \tag{3-8}$$

式中，Q_b 为最大清水洪峰流量，m^3/s；K 为径流系数；i_{50} 为 50 年一遇最大 1h 降雨强度，mm/h；F 为有关范围汇水面积，km^2。

　　例：根据玉龙铁矿多年平均 1h 最大降雨强度 $i_p = 136$mm/h，50 年一遇的暴雨莫比系数（取近似地区类比值）$K_{p50} = 1.92$，则 50 年一遇的最大 1h 暴雨强度 $i_{50} = i_p K_{p50} = 261.12$mm/h。径流系数根据矿山提供的矿区径流系数 $K = 0.2$。

　　将相关参数代入式（3-8），求得最大清水洪峰流量：

$$Q_b = 0.278 \times 0.2 \times 261.12 \times 0.25 \times 1000/3600 = 1.01 \text{m}^3/\text{s}$$

设计洪峰流量 Q_s 为：

$$Q_s = 1.5 \times Q_b$$

玉龙铁矿：$Q_s = 1.5 \times Q_b = 1.52 \text{m}^3/\text{s}$。

断面设计：断面设计可根据类比矿山进行断面尺寸初选，然后验算其洪峰流量是否满足要求。

例：玉龙铁矿截洪沟设计断面初选为明渠等腰梯形断面，初选断面参数为：上底宽 1m，下底宽 0.6m，深 0.4m，采用 MU30 毛石和 M7.5 水泥砂浆砌筑，砂浆必须饱满密实，沟内表面采用 C15 混凝土抹面，抹面厚度约 30mm，粗糙率 $n = 0.015$。现需经过验算来检验设计是否能够满足排洪要求，验算过程如下：

根据室外排水设计规范进行验算：

$$A = 0.5(b_1 + b_2)h = 0.5 \times (1 + 0.6) \times 0.4 = 0.32 \text{m}^2$$

$$X = b_2 + 2\sqrt{l^2 + h^2} = 0.6 + 2\sqrt{0.2^2 + 0.4^2} = 1.49 \text{m}$$

$$R = A/X = 0.32/1.49 = 0.21 \text{m}$$

$$V_c = \frac{1}{n}R^{\frac{2}{3}}i^{\frac{1}{2}} = 1/0.015 \times 0.21^{2/3} \times 0.07^{1/2} = 6.23 \text{m/s}$$

$$Q_{\max} = AV_c = 0.32 \times 6.23 = 1.99 \text{m}^3/\text{s}$$

根据泥石流防治工程技术进行验算：

$$V_c = \frac{1}{a}\frac{1}{n}R^{\frac{2}{3}}i^{\frac{1}{2}} = 1/1.25 \times 1/0.015 \times 0.21^{2/3} \times 0.07^{1/2} = 4.98 \text{m/s}$$

$$Q_{\max} = AV_c = 0.32 \times 4.98 = 1.59 \text{m}^3/\text{s}$$

式中，A 为过水断面面积，m^2；b_1 为梯形净断面上底，m；b_2 为梯形净断面下底，m；h 为梯形净断面高，m；l 为梯形净断面上底与下底差值之半，m；X 为截洪沟断面湿周长，m；R 为水力半径 $R = A/X$，m；V_c 为允许流速，m/s；n 为截洪沟的粗糙系数；i 为沟底纵坡水力坡降，%（以小数点计，0.07）；$Q_{\max}$ 为最大设计洪峰流量，m^3/s；a 为阻力系数。

通过以上验算可知，最大设计洪峰流量均大于场区 50 年一遇的设计洪峰流量 1.52 m^3/s，因此设计的截洪沟断面满足 50 年一遇设计的排洪要求。截洪沟断面尺寸设计详见图 3-13。

b 场内排水设施

以玉龙铁矿为例，为防止雨水对外坡冲刷，设计在各平台内侧设置平台排水沟（断面 0.2m×0.2m，砖砌结构，1∶2.5 水泥砂浆抹面）。马道设置不小于 3% 的反坡，排土台阶边坡和平台上的雨水汇集到排水沟后汇入场外截洪沟排水系统。

C 排渗设施

排土场基底排水一般采用盲沟排水的方式，沿拟建拦挡坝所在沟谷位置设置滤水盲沟，盲沟应从排土场底部顺地形下坡方向延伸。排渗盲沟为梯形断面。盲沟由长纤土工布包裹软式透水管、砾石、块石构成。盲沟出口接拦挡坝内预埋的排水管把渗滤水排出场外。另外，排土作业过程中，块石将滚落堆积于排土场的底部，自然形成良好的透水层；拦挡坝宜采用碾压式透水堆石坝，这种坝透水性较好。

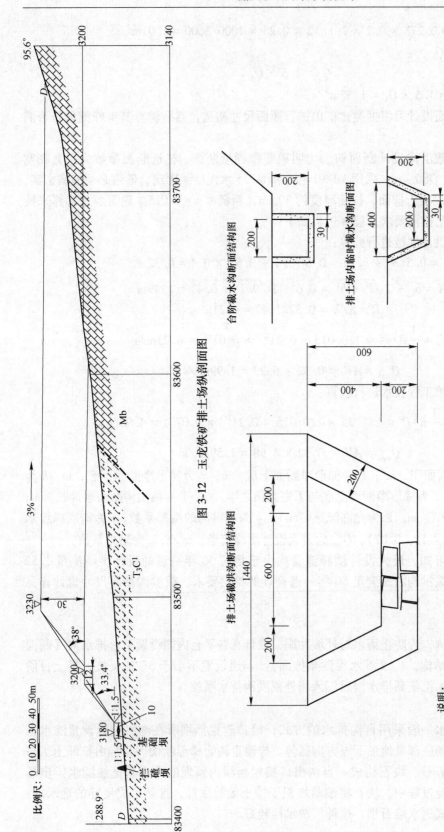

图 3-12　玉龙铁矿排土场纵剖面图

图 3-13　玉龙铁矿截洪排水沟断面图

说明：

(1) 截洪沟按 15m 间距设沉降伸缩缝，缝宽 2cm，缝中填塞沥青麻筋深 20cm。

(2) 图中所有尺寸均以毫米计。

(3) 为确保施工质量，沟底及两侧回填土必须按 10cm 厚分层压实。压实度 $\lambda_c \geqslant 90\%$，承载力 $\geqslant 150$MPa。

(4) 采用 MU30 毛石和 M7.5 水泥砂浆砌筑，砂浆必须饱满密实。

(5) 沟底壁顶采用 C15 混凝土抹面厚 3cm。

例：玉龙铁矿排土场底部设置上底宽 0.4m，下底宽 0.2m，高 0.2m 的排水盲沟，长度为 490m。

D　位移观测设施

为了有效监测排土场的边坡稳定性情况，宜在各排土平台及排土场周边山体设置位移观测桩，位移变形观测是为了及时掌握边坡的变形情况，研究其有无滑坡破坏的趋势，以确保边坡的稳定和安全。

例：玉龙铁矿需在 3180m、3200m、3230m 排土平台以及排土场南、北两侧山体设置观测基点桩，对排土场边坡位移情况进行观测。

3.3.6　矿山设备

露天矿的牙轮钻、潜孔钻和挖掘机等大型设备可不设备用，但不应少于 2 台。运矿汽车出车率宜为 65%～85%。

露天矿山的装备，宜符合表 3-28 的规定。

表 3-28　露天矿山的装备配套

设备名称	装备水平		
	大型	中型	小型
穿孔设备	(1) ϕ250～380mm 牙轮钻； (2) ϕ200～250mm 潜孔钻	(1) ϕ150～200mm 牙轮钻； (2) ϕ120～200mm 潜孔钻； (3) 顶锤式钻机	(1) ≤ϕ150mm 潜孔钻； (2) 顶锤式钻机； (3) 手持式凿岩机
装载设备	斗容≥4m³ 挖掘机	(1) 斗容 2～4m³ 挖掘机； (2) 3～5m³ 前装机	(1) 斗容 1～2m³ 挖掘机； (2) ≤3m³ 前装机
运输设备	(1) ≥50t 汽车； (2) 100～150t 电机车、60～100t 矿车； (3) 汽车（机车）—破碎机—胶带	(1) 10～50t 以下汽车； (2) 14～20t 电机车、5～6m³ 矿车； (3) 3m³ 以下的凿装机	(1) ≤20t 以下汽车； (2) ≤14t 电机车、0.55～3.5m³ 矿车
排土设备	(1) 推土机配合汽车； (2) 破碎机—胶带—排土机； (3) 铁路—挖掘机	(1) 推土机配合汽车； (2) 铁路—推土机	(1) 推土机配合汽车； (2) 铁路—推土机
辅助设备	(1) ≥320×0.745kW 履带式推土机； (2) ≥5m³ 前装机	(150～320)×0.745kW 履带式推土机	150×0.745kW 以下履带式推土机

例：玉龙铁矿主要设备汇总见表 3-29。

表 3-29　玉龙铁矿采矿装备

设备类型	设备型号	工作台数	备用台数	设备总数
穿孔设备	KQ-150	2	0	2
挖掘设备	CAT330	4	0	4
运输设备	BJ-10	14	4	18
排土设备	T-140	2	0	2

习 题

1. 露天矿穿孔设备确定的依据是什么?
2. 露天矿爆破孔网参数有哪些? 炸药单耗是怎样确定的?
3. 怎样选择露天矿铲装设备? 其数量是怎样确定的?
4. 运输设备怎样选型? 计算其数量的依据是什么?
5. 排土场选址要考虑哪些因素?
6. 露天矿开采工艺设计,任务书见表 3-30。

表 3-30　露天矿开采工艺设计任务书

任务名称	露天矿开采工艺设计
任务描述	根据矿山原始资料,以及 3.2 节圈定的Ⅰ号矿体开采境界等资料,对该矿体露天开采的穿孔、爆破、铲装、运输及排土工艺进行设计
最终成果	露天采剥工艺图; 排土场设计平面图、剖面图; 开采工艺设计说明书
设计要求	每人独立完成; 完成任务总学时: 6 学时

3.4　开拓系统设计

3.4.1　开拓系统选择

　　露天矿开拓方式、坑线布置方式以及运输线路技术参数必须与矿山采用的运输方式、运输设备相适应。露天矿按运输方式的不同,矿床开拓方法可分为:公路运输开拓;铁路运输开拓;胶带运输开拓;平硐溜井开拓;斜坡卷扬开拓。

　　斜坡卷扬开拓,生产能力小,仅用于中小型矿山、地形坡度较陡而不便于修筑运输公路的露天矿、由露天开采转为地下开采或由地下转为露天开采或露天地下同时开采的矿山。铁矿运输开拓适合于大型、特大型远距离运输矿山。而平硐溜井开拓基建费用高,适合于开采量大、开采时间长的山坡型露天矿。

　　公路运输开拓是现代露天矿广泛应用的一种开拓方式,特别是有色金属矿山均以这种开拓方式为主。这种开拓方法除汽车运输本身的特点外,还有可设多出入口进行分散运输和分散排土、便于采用移动坑线、有利于强化开采、对地形复杂的露天矿适应性强等特点。因此,这种开拓方式特别适合中小型山坡条件下中等地形坡度的露天矿开拓。

　　根据《有色金属采矿设计规范》,有下列情况之一,宜采用单一公路开拓汽车运输方案:

　　(1) 矿体赋存条件和地形条件复杂;

　　(2) 矿石品种多,需分采分运;

　　(3) 矿岩运距小于 3000m。

　　例:由于玉龙铁矿地处中深山地,地形坡度平均在 25°左右,采用的运输设备为自卸汽车，矿石运输距离约变 1.2km，废石平均运输距离约为 1.6km，因此设计采用公路开拓。

3.4.2 开拓系统设计

3.4.2.1 运输坑线技术参数设计

（1）公路纵坡、限制坡长、平曲线半径、缓和坡度长度。公路纵坡、限制坡长、平曲线半径、缓和坡度长度等技术参数与矿区公路等级密切相关，不同等级矿区公路对应的技术参数详见表 3-31。

矿区公路等级，是根据运输量和行车密度来确定的。单向行车密度大于 85 车/h 宜设计为 I 级，85~25 车/h 的设计为 II 级，<25 车/h 的设计为 III 级。

例：玉龙铁矿属于小型矿山，根据表 3-25，矿山班运输量 1525t，汽车载重量为 10t，班运输时间 384min，可计算出车流量为 23.8 车/h。故设计为 III 级矿区公路。根据表 3-31，公路最大纵坡设计为 10%，限制坡长取 250m，最小平曲线半径 15m，缓和坡度长度设计为 40m。

表 3-31 各级矿区公路线路技术参数

项 目		单位	公路等级		
			I	II	III
单向行车密度		车/h	>85	85~25	<25
设计行车速度		km/h	40	30	20
最大纵向坡度		%	8	9	10
最大纵坡时的坡段限制长度		m	≤800	≤350	≤250
不同纵坡时的限制坡长	4%~5%	m	700		
	5%~6%		500	600	
	6%~7%		300	400	500
	7%~8%			250（300）	350（400）
	8%~9%			150（170）	200（250）
	9%~10%				100（150）
最小竖曲线半径	凸形	m	750	500	250
	凹形	m	250	200	100
最小平曲线半径	一般自卸汽车，轴距≤4.0m	m	35	20	15
	一般自卸汽车，轴距≤4.8m	m	35	25	20
	100t 电动车自卸汽车	m	50	35	20
最小视距	停车	m	40	30	20
	会车	m	80	60	40
缓和坡段最小长度		m	80	60	40

（2）场外运输公路路面宽度。路面宽度取决于汽车宽度、行车密度以及行车速度等，可用式（3-9）计算，也可参考表 3-32 选取。

$$B = XA + (X - 1)C + 2N \tag{3-9}$$

式中，B 为路面宽度，m；X 为行车线数；A 为汽车宽度，m；C 为两汽车之间互错距离，

0.7~1.7m；N 为后轮外缘距路面边缘的距离，0.4~1.0m。

表 3-32　露天矿山道路路面宽度　　　　　　　（m）

车宽类别		一	二	三	四	五	六	七
计算车宽/m		2.3	2.5	3.0	3.5	4.0	5.0	6.0
双车道	一级	7.0	7.5	9.5	11.0	13.0	15.5	19.0
	二级	6.5	7.0	9.0	10.5	12.0	14.5	18.0
	三级	6.0	6.5	8.0	9.5	11.0	13.5	17.0
单车道	一、二级	4.0	4.5	5.0	6.0	7.0	8.5	10.5
	三级	3.5	4.0	4.5	5.5	6.0	7.5	9.5

注：当实际车宽与计算车宽的差值大于15cm时，应按内插法，以0.5m为加宽量单位，调整路面的设计宽度。

例：根据玉龙铁矿行车密度及运输量等，主干运输公路（采场至排土场、采场至选矿厂）设计为双车道，汽车计算宽度2.4m，查表3-32，初步取运输公路路面宽度为6.5m，再用式（3-9）验算，如下：

$$B = 2 \times 2.4 + (2-1) \times 0.8 + 2 \times 0.5 = 6.6m$$

因此，最终确定主干运输公路路面宽为6.6m。

（3）采场内运输平台、沟道宽度。露天采场内运输平台宽度，应大于表3-33中的规定。

表 3-33　采场内运输平台宽度　　　　　　　（m）

车宽类别		一	二	三	四	五	六	七
运输平台宽度	单线	7.5	8.0	8.5	9.5	11.5	13.5	15.0
	双线	10.0	11.0	12.0	13.5	16.5	19.6	22.5

例：玉龙铁矿场内运输平台（缓冲+错车段）宽度根据表3-33设计为11m，倾斜运输沟道的宽度设计为单线8m，符合表3-33中二类车宽对应的单、双线运输平台的宽度要求。

（4）路拱及横坡。为便于排水，行车部分表面通常修筑成路拱，路面和路肩都应有一定的横坡。路面横坡一般为1%~4%，路肩一般比路面横坡大1%~2%，在少雨地区可减至0.5%或与路面横坡相同。

3.4.2.2　运输坑线布置

（1）采场内运输坑线。采场内运输坑线的布置形式可分为直进式、回返式和螺旋式三种基本形式，有条件的情况下应优先选择直进式（优点是司机视线好、运输效率高）。应根据采场的长度、凹陷开采深度等因素来选择运输坑线的布置形式。

例：玉龙铁矿采场走向长度超过300m，采场北东端较低，总出入口设在采场北东端，凹陷开采深度为30m（3个台阶），经初步布线，基本可采用直进式坑线布置。运输坑线布置于采场东南侧（下盘）。按照最大纵坡、坑线宽度、缓和坡段长度等技术参数要求，在绘制露天采场终了平面图时同步将场内运输坑线进行布置，详见露天采场终了平面图。

（2）采场外运输公路。采场外运输公路根据地形坡度以及服务的台阶标高等因素，可布置成直进式、折返式两种。

例：玉龙铁矿场外运输公路需修筑至采场总出入口及各开采水平、开拓服务标高在3265~3326.5m 之间，地形坡度约 22°，根据初步布线比较，宜采用折返式公路开拓。由于选厂位于采场东南 1.2km 处，排土场也位于采场南部，因此，主要运输公路沿采场东部及东南部顺地形布置。自采场西南出口处也修筑折返式公路与主运输公路接通以增加系统可靠性，减轻运输压力，如 3295m 以上台阶开采时，部分矿、岩可通过该段公路运出采场。采场外运输公路布置详见玉龙铁矿总平面布置图。

 习 题

1. 开拓公路的设计技术参数有哪些？
2. 公路的路面等级是怎样确定的？
3. 公路路面宽度是怎样确定的？
4. 采场内运输坑线布置形式有哪几种？采场外运输公路的展线形式有哪些？
5. 露天矿开拓系统设计，任务书见表 3-34。

表 3-34 露天矿开拓系统设计任务书

任务名称	露天矿开拓系统设计
任务描述	根据矿山原始资料，以及 3.2 节圈定的 Ⅰ 号矿体的开采境界和 3.3 节设计的开采工艺等资料，对该矿山 Ⅰ 号矿体露天开采部分的开拓系统进行选择与设计，并绘制其开拓系统设计平面图（将运输坑线布置于开采境界终了平面图上即可）
最终成果	开拓系统设计平面图； 开拓系统设计说明书
设计要求	每人独立完成； 完成任务总学时：2 学时

3.5 矿山总平面布置

露天矿总平面布置原则与地下矿类同，因露天矿爆破对周边安全影响较大，因此，在进行露天矿总平面布置时，首先应圈定爆破危险范围，再布置总图工程，露天矿总图工程不应布置在爆破危险范围内，如果必须布置于爆破危险范围内，则必须设计可靠的安全防护设施进行保护。

3.5.1 爆破危险范围圈定

露天矿爆破工作中的爆破飞石、爆破震动、空气冲击波以及爆破粉尘、有毒有害气体等对周边环境影响较大。必须通过科学合理地计算确定爆破危险范围，采矿工业设施等应布置在爆破危险范围以外，爆破作业时也必须设置爆破警戒，避免爆破伤害事故的发生。

（1）爆破震动安全允许距离计算：

$$R = \left(\frac{K}{V} \right)^{1/a} \cdot Q^{1/3}$$

式中，R 为爆破震动安全允许距离，m；Q 为炸药量，齐发爆破为总药量，延时（微差）爆破为最大一段药量，kg；V 为保护对象所在地质点振动安全允许速度，cm/s，按表 3-35 确定；K、a 为与爆破点至计算保护对象间的地形、地质条件有关的系数和衰减指数，可按表 3-36 选取或通过现场试验确定。

表 3-35　爆破震动安全允许标准

序号	保护对象类别	安全允许振速/cm·s⁻¹		
		<10Hz	10~50Hz	50~100Hz
1	土窑洞、土坯房、毛石房屋①	0.5~1.0	0.7~1.2	1.1~1.5
2	一般砖房、非抗震的大型砌块建筑物①	2.0~2.5	2.3~2.8	2.7~3.0
3	钢筋混凝土结构房屋①	3.0~4.0	3.5~4.5	4.2~5.0
4	一般古建筑与古迹②	0.1~0.3	0.2~0.4	0.3~0.5
5	水工隧道③		7~15	
6	交通隧道③		10~20	
7	矿山巷道③		15~30	
8	水电站及发电厂中心控制室设备		0.5	
9	新浇大体积混凝土④ 龄期：初凝~3d 3~7d 7~28d		2.0~3.0 3.0~7.0 7.0~12	

注：1. 表列频率为主振频率，系指最大振幅所对应波的频率。

2. 频率范围可根据类似工程或现场实测波形选取。选取频率时亦可参考下列数据：硐室爆破<20Hz；深孔爆破 10~60Hz；浅孔爆破 40~100Hz。

① 选取建筑物安全允许振速时，应综合考虑建筑物的重要性、建筑质量、新旧程度、自振频率、地基条件等因素。

② 省级以上（含省级）重点保护古建筑与古迹的安全允许振速，应经专家论证选取，并报相应文物管理部门批准。

③ 选取隧道、巷道安全允许振速时，应综合考虑构筑物的重要性、围岩状况、断面大小、深埋大小、爆源方向、地震振动频率等因素。

④ 非挡水新浇大体积混凝土的安全允许振速，可按本表给出的上限值选取。

表 3-36　爆区不同岩性的 K、a 值

岩　性	K	a
坚硬岩石	50~150	1.3~1.5
中硬岩石	150~250	1.5~1.8
软岩石	250~350	1.8~2.0

实例：玉龙铁矿爆破震动安全允许距离计算时，K 取 150，a 取 1.5，Q 为 100kg，V 确定为 3.0cm/s，计算得爆破震动安全允许距离 $R=63.1$m。

（2）爆破冲击波安全允许距离计算。空气冲击波对在掩体内避炮作业人员的安全允许距离：

$$R_k = 25Q \tag{3-10}$$

式中，R_k 为空气冲击波对掩体内人员的最小允许距离，m；Q 为一次爆破的炸药量，秒延

时爆破取最大分段药量计算，毫秒延时爆破按一次爆破的总药量计算，kg。

例：玉龙铁矿大块破碎时按一次爆破的炸药量 10kg，代入式（3-10）计算得裸露爆破空气冲击波安全允许距离为 250m。

（3）个别飞散物安全允许距离。爆破时，个别飞散物对人员的安全距离不应小于表 3-37 的规定；对设备或建设物的安全允许距离，应由设计确定。

表 3-37　爆破个别飞散物对人员的安全允许距离

爆破类型和方法		个别飞散物的最小安全允许距离/m
露天岩土爆破	（1）破碎大块岩矿： 裸露药包爆破法； 浅孔爆破法	400 300
	（2）浅孔爆破	200（复杂地质条件下或未形成台阶工作面时不小于 300）
	（3）浅孔药壶爆破	300
	（4）蛇穴爆破	300
	（5）深孔爆破	按设计，但不小于 200
	（6）深孔药壶爆破	按设计，但不小于 300
	（7）浅孔孔底扩壶	50
	（8）深孔孔底扩壶	50
	（9）硐室爆破	按设计，但不小于 300

注：1. 沿山坡爆破时，下坡方向的飞石安全允许距离应增大 50%。

2. 当爆破器具置于钻井内深度大于 50m 时，安全允许距离可缩小至 20m。

下面以玉龙铁矿为例，按公式法确定爆破飞石安全距离。

1）按照爆破飞石安全距离公式计算：

$$R_f = 20n^2 W K_f$$

式中，R_f 为碎石飞散对人员的安全距离，m；n 为爆破作用系数，取 0.9；W 为最小抵抗线，取 4.45m；K_f 为安全系数，取 1.5。

经计算，爆破飞石安全距离为 108.1m。

2）按照露天台阶爆破经验公式确定爆破飞石安全距离：

$$R = (1500 \sim 1600)d$$

式中，R 为飞石距离，mm；d 为钻孔直径，150mm。

经计算，爆破飞石安全距离 $R = 225 \sim 240$m。

根据以上几种计算，爆破警戒范围均小于 300m，但根据安全规程要求及矿山地形条件，设计最小爆破安全距离确定为 240m，下坡方向（采场总出入口方向及运输公路密集方向）按 360m 圈定爆破警戒，详见图 3-14。

3.5.2　矿山总图工程布置

3.5.2.1　总图工程项目组成

（1）采矿工业场地，包括综合仓库及材料发放室、汽车保养车间、设备维修间、值班

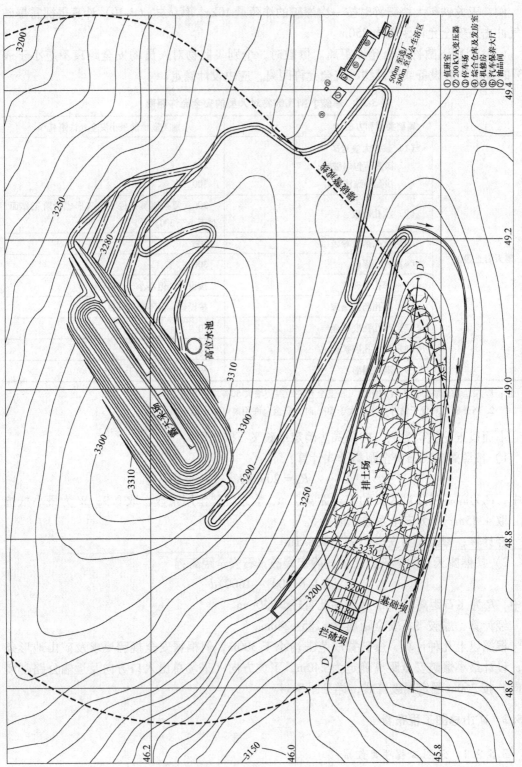

图 3-14 玉龙铁矿总平面布置图

室、变压器及配电房、油品间、停车场等工程。

（2）办公生活区，包括办公室、宿舍、职工食堂、活动室、生活水池、浴室、厕所等。

（3）生产供水设施。

（4）露天开采排土场。

（5）运输公路。

3.5.2.2 总图工程布置

按照总平面布置原则，综合考虑爆破警戒、气象（特别是风向）、地质灾害等因素，对项目逐个进行选址、场地标高确定、项目面积计算及结构确定，然后绘制总平面布置图，如图3-14所示。逐项统计计算总图工程量，填入表3-38中。

在布置总图工程时，必须注意的是：办公生活区、采矿工业场地必须位于爆破危险范围以外；办公区、居住区和采矿工业场应避开排土场等易产生粉尘、有毒有害烟气等场所的全年主导风向的下风向；办公区、生活区及采矿工业场地不能位于易受滑坡、泥石流等自然灾害影响的地方，不能设在断层带附近。

表 3-38 玉龙铁矿总图工程量汇总表

序号	项目名称	单位	数量	备注
一、工业场地				
1	土石方工程量	m^3	4600	
	其中：挖方	m^3	2300	
	填方	m^3	2300	
2	挡土墙工程量	m^3	240	
3	泥结碎石场地铺砌	m^2	1800	泥结碎石结构
4	浆砌毛石排水沟	m	120	27.0m^3
5	场地绿化面积	m^2	800	绿化率20%
二、矿区排土场				
1	截洪沟	m	1160	846.8m^3
2	暗涵管	m	490	313.6m^3
3	挡碴坝	m^3	486	
4	基础坝	m^3	2968	岩土筑坝
三、矿区公路				
1	新增矿区公路长度	m	2850	路宽6.6m，矿-Ⅲ级
2	道路铺砌面积	m^2	18810	泥结碎石路面结构
3	土石方工程量	m^3	22800	
	其中：挖方	m^3	11400	
	填方	m^3	11400	
4	挡土墙工程量	m^3	5130	

习 题

1. 露天矿山总图工程项目主要有哪些?
2. 矿山总图工程布置时应注意哪些事项?
3. 怎样圈定爆破危险范围?
4. 矿山总图工程布置,任务书见表 3-39。

表 3-39　矿山总图工程布置任务书

任务名称	矿山总图工程布置
任务描述	根据矿山原始资料,结合前面对该矿山露天开采部分设计的境界、开采工艺、开拓系统、排土场等资料,确定矿山总图工程项目(注意与地采总图工程项目的衔接),圈定爆破危险范围,并对各总图工程项目进行平面布置
最终成果	矿山总平面布置图; 总图工程项目布置说明书; 总图工程量表
设计要求	每人独立完成; 完成任务总学时:4 学时

参 考 文 献

[1] 张富民. 采矿设计手册 [M]. 北京：建筑工业出版社，1989.

[2] 孙凯年. 矿山企业设计基础 [M]. 北京：冶金工业出版社，2011.

[3] 孙光华. 地下矿山开采设计技术 [M]. 北京：冶金工业出版社，2012.

[4] 胡杏保，郭进平. 矿山企业设计原理与技术 [M]. 北京：冶金工业出版社，2013.

[5] 陈寰. 矿山企业设计原理 [M]. 北京：化学工业出版社，1991.

[6] 解世俊. 金属矿床地下开采 [M]. 北京：冶金工业出版社，1986.

[7] 夏建波，邱阳. 露天矿开采技术 [M]. 北京：冶金工业出版社，2015.

[8] 夏建波，马娟，等. 矿山设计原理课程项目化开发 [J]. 昆明冶金高等专科学校学报. 2016，31 (5)：6-11.

[9] 夏建波. 单排漏斗电耙出矿底部结构参数优化 [J]. 云南冶金，2017，46 (1)：1-5.

[10] GB 16423—2006 金属非金属矿山安全规程 [S]. 北京：中国标准出版社，2006.

[11] GB 6722—2014 爆破安全规程 [S]. 北京：中国标准出版社，2006.

[12] GB 50771—2012 有色金属采矿设计规范 [S]. 北京：中国标准出版社，2012.

[13] GB 50187—2012 工业企业总平面设计规范 [S]. 北京：中国标准出版社，2012.

[14] GB 50421—2007 有色金属矿山排土场设计规范 [S]. 北京：中国标准出版社，2007.

冶金工业出版社部分图书推荐

书　名	作　者	定价(元)
中国冶金百科全书·采矿卷	本书编委会　编	180.00
现代金属矿床开采科学技术	古德生　等著	260.00
采矿工程师手册（上、下册）	于润沧　主编	395.00
地质灾害工程治理设计	门玉明　等著	65.00
复杂岩体边坡变形与失稳预测研究	苗胜军　著	54.00
地质学（第5版）（国规教材）	徐九华　等编	48.00
工程地质学（本科教材）	张　萌　等编	32.00
数学地质（本科教材）	李克庆　等编	40.00
矿产资源开发利用与规划（本科教材）	邢立亭　等编	40.00
采矿学（第2版）（国规教材）	王　青　等编	58.00
矿山安全工程（国规教材）	陈宝智　主编	30.00
高等硬岩采矿学（第2版）（本科教材）	杨　鹏　主编	32.00
矿山岩石力学（第2版）（本科教材）	李俊平　主编	58.00
采矿系统工程（本科教材）	顾清华　主编	29.00
矿山企业管理（本科教材）	李国清　主编	49.00
现代充填理论与技术（本科教材）	蔡嗣经　主编	26.00
地下矿围岩压力分析与控制（本科教材）	杨宇江　等编	30.00
露天矿边坡稳定分析与控制（本科教材）	常来山　等编	30.00
矿井通风与除尘（本科教材）	浑宝炬　等编	25.00
矿山运输与提升（本科教材）	王进强　主编	39.00
采矿工程概论（本科教材）	黄志安　等编	39.00
采矿工程CAD绘图基础教程	徐　帅　主编	42.00
固体物料分选学（第3版）	魏德洲　主编	60.00
选矿厂设计（本科教材）	周晓四　主编	39.00
选矿试验与生产检测（高校教材）	李志章　主编	28.00
矿产资源综合利用（高校教材）	张　佶　主编	30.00